U0189608

Legends of Seashells

海贝传奇

主编◎李夕聪　文稿编撰◎张素萍　尉鹏　项婧　图片统筹◎乔诚

“神奇的海贝”丛书

神奇的海贝，

带你走进五彩缤纷的海贝世界

亲爱的青少年朋友，当你漫步海边，可曾俯身捡拾海滩上的零星海贝？当你在礁石上玩耍时，可曾想到有多少种海贝以此为家？当你参观贝类博物馆时，千姿百态的贝壳可曾让你流连忘返？来，“神奇的海贝”丛书，带你走进五彩缤纷的海贝世界。

贝类，又称软体动物。目前全球已知的贝类约有11万种之多，其中绝大多数为海贝。海贝是海洋生物多样性的重要组成部分，其中很多种类具有较高的经济、科研和观赏价值，它们有的可食用、有的可药用、有的可观赏和收藏等。海贝与人类的生活密切相关，早在新石器时代，人们就开始观察和利用贝类了。在人类社会的发展进程中，海贝一直点缀着人类的生活，也丰富着人类的文化。

我国是海洋大国，拥有漫长的海岸线，跨越热带、亚热带和温带三个气候带，有南海、东海、黄海和渤海四大海区，管辖的海域垂直深度从潮间带延伸至千米以上。各海区沿岸潮间带和近海生态环境差异很大，不同海洋环境中生活着不同的海贝。据初步统计，我国已发现的海贝达4000余种。

现在，国内已出版了许多海贝相关书籍，但专门为青少年编写的集知识性和趣味性于一体的海贝知识丛书却并不多见。为了普及海洋贝类知识，让更多的人认识海贝、了解海贝，我们为青少年朋友编写了这套科普读物——“神奇的海贝”丛书。这套丛书图文并茂，将为你全方位地呈现海贝知识。

“神奇的海贝”丛书分为《初识海贝》、《海贝生存术》、《海贝与人类》、《海贝传奇》和《海贝采集与收藏》五册。从不同角度对海贝进行了较全面的介绍，向你展示了一个神奇的海贝世界。《初识海贝》展示了海贝家族的概貌，系统地呈现海贝现存的七个纲以及各纲的主要特征等，可使你对海贝世界形成初步印象。《海贝生存术》按照海贝的生存方式和生活类型，介绍了海贝在错综复杂的生态环境中所具备的生存本领，在讲述时还配以名片夹来介绍一些常见海贝。《海贝与人类》揭示了海贝与人类物质生活和精神生活等方面的关系，着重介绍海贝在衣、食、住、行、乐等方面所具有的不可磨灭的贡献。《海贝传奇》则选取了10余种具有传奇色彩的海贝进行专门介绍，它们有的身世显赫，有的造型奇特，有的色彩缤纷。《海贝采集与收藏》系统讲述了海贝的生存环境、海贝采集方式和寻贝方法，介绍了一些著名的采贝胜地，讲解了海贝收藏的基本要领，带你进入一个海贝采集和收藏的世界。丛书中生动的故事和精美的图片，定会让你了解到一个精彩纷呈的海贝世界。

丛书中的许多图片由张素萍、王洋、尉鹏、吴景雨、史令和陈瑾等提供，这些图片主要来自他们的原创和多年珍藏。另有部分图片是用中国科学院海洋生物标本馆收藏的贝类标本所拍摄，在此一并表示感谢！限于水平，加之编写时间较为仓促，书中难免存在错误和不当之处，敬请大家批评指正。

张素萍

2015年2月，于青岛

前言 Preface

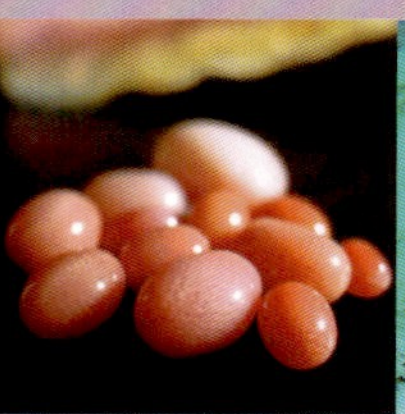

海贝，与我们共享着那片海，也与我们的生活息息相关。它们当中有的造型奇特，是艺术家眼中不可多得的精品；有的色彩斑斓，是收藏者心中梦寐以求的珍宝；还有的肉质鲜美，是令人垂涎欲滴的佳肴。然而，关于海贝的一切远不止于此……

其貌不扬的石鳖，4亿年前就已经在海洋中生存了。或许你觉得它们除了能咀嚼岩石上的藻类外，并没有什么特别之处；但经过科学家的研究，它们的齿舌竟成了现代科技关注的焦点。

坚硬而稀有的钻石，被誉为宝石之王，是高尚品质、忠贞爱情、非凡魅力的象征。可是你相信吗？在某些珠宝饰品上，数颗钻石的镶嵌也只是为了衬托一颗珍珠，而这被宝石之光照耀的珍珠正是由海中的大凤螺孕育而出的。

当一只镶嵌着金银玉石的精美高脚酒杯盛满美酒映入眼帘，你能否想象出那极尽奢华的杯身主体是由一枚鹦鹉螺壳经过加工而成？

在时而平静时而汹涌的海面下，蕴藏着无数未知的奥秘。在海贝这群大海中的精灵身上，也有诸多鲜为人知的传奇等着你我去寻觅。本书集科学性和故事性于一体，在成员众多的海贝家族中，遴选出10余种最具传奇色彩的海贝，通过多方位的描绘，辅以精美的图片，从独特的视角将一个个鲜活的海贝呈现，旨在让你领略到一个与众不同的海贝世界。

还等什么，让我们一起踏上海贝传奇的探寻之路吧！

目录 Contents

古老的石鳖与现代科技

传奇聚焦

石鳖是一种拥有原始形态的海洋贝类，它们虽然貌不惊人，但其齿舌却是现代科技关注的焦点。那么，看似平凡的石鳖究竟拥有怎样鲜为人知的秘密和传奇故事呢？

传奇特写

齿舌中的奥秘

据记载，石鳖在4亿年前就已经在海洋中生存了，堪称海洋中的活化石。石鳖长有宽阔的肌肉脚，并且背部拥有由8个板块组成的壳，寿命一般较长，有的甚至能够活到20多岁。石鳖最让科学家感兴趣的是它们的黑色齿舌，因为它们能利用其齿舌把覆盖在岩石上的藻类咬下

石鳖齿舌

石鳖

来，这些齿舌极其坚硬，可能是已知由有机体合成的最坚硬的材料了。美国伊利诺伊州埃文斯顿市西北大学的生物工程师莱尔·戈登就对此抱有极大的研究热情，他希望找到这些软体动物形成异常坚硬齿舌的原因。

以戈登为首的研究小组对石鳖进行了多年的研究，他们不断努力，有时还借助用于电子和医学设备的氧化铁进行实验，以期能合成超级坚硬的材料。戈登和他的同事们尝试利用原子探测器来探寻石鳖齿舌的奥秘，这种用探测器从物质中抽取带电原子以确定原子位置与名称的方法一般被用于金属研究，但戈登猜测将探测器用于生物材料的研究可能并没有太大差异。经过努力，研究小组发现了纳米级别的石鳖齿舌的内部构造。他们发现石鳖的齿舌内部有蛋白质和糖类，石鳖会利用它们以及藻类食物中所含的铁产生氧化铁，这真是个了不起的过程啊！虽然浇注出如石鳖齿舌一样坚硬而精密的材料仍然是个遥远的目标，但研究小组利用原子探测器来分析石鳖齿舌结构的方法是前所未有的，他们坚信在未来一定可以从对石鳖齿舌的研究中发现坚硬精密材料的低成本制作工艺。

石鳖的生物体态给人们在科技研发中带来的启发还不止于此。据国外媒体报道，美国加州大学河滨分校伯恩斯工程学院的科研人员希望通过研究加州海岸石鳖的齿舌，制造出低成本、高效率的纳米材料，如果这种材料可以研制成功，那么它将对改进太阳能电池和锂离子电池具有非凡的意义。

伯恩斯工程学院的副教授大卫·凯瑟鲁斯公布了他的最新研究成果，成果揭示了石鳖齿舌的演变过程，这一演变过程主要包括三个阶段。第一阶段是水合氧化铁晶状物在一种纤维状的壳质有机模板上成核。第二阶段是这些晶状物通过一种“固相转变”转化成一种磁性氧化铁。最后一个阶段是磁性氧化铁颗粒物在有机纤维物上成长，并产生两道平行的“棒体”，进而形成齿舌。凯瑟鲁斯在实验室中制造纳米材料时，便运用了与石鳖齿舌生长方式极其相似的方法来促进纳米材料的“成长”。凯瑟鲁斯表示，通过控制纳米材料的晶体大小、外形及方向，就能够制造出使太阳能电池和锂离子电池更高效的材料。换句话说，这种高效的材料能更大比例地吸收阳光并更有效地将其转化为电能，而对锂离子电池来说，这意味着只需要较少的充电时间。

石鳖与鲍鱼

石鳖是海洋中比较常见的一种贝类，其肉干与鲍鱼干很相似。虽然石鳖具有很高的科研价值，但其价格却比鲍鱼便宜许多。现在市面上出售的鲍鱼干通常价格不菲，所以很多商贩为了牟取暴利，便用石鳖干冒充鲍鱼干，于是价格便宜的石鳖，摇身一变就成了海鲜

鲍鱼

石鳖

鲍鱼壳

市场中的珍品“鲍鱼干”。商贩用石鳖以假乱真让一些消费者吃了闷亏，所以在购买鲍鱼干时，一定要仔细地鉴别甄选，以免上当受骗。

那么，怎样才能分辨石鳖干和鲍鱼干呢？鲍鱼和其他海洋贝类动物一样，都有一个坚硬的外壳，但鲍鱼的壳螺旋部很小而壳口却很大，在边缘处还分布有一列小孔。这些小孔多数是闭着的，只有前缘数个是开口的。不同的鲍鱼开孔数目往往是不一样的，如皱纹盘鲍多数有4个开孔，而杂色鲍通常有6～9个开孔，所以又被称为九孔鲍。鲍鱼的足部很发达，足底呈扁平状。市场上出售的鲍鱼干通常是去掉壳的，被晒干的鲍鱼足底部分非常光滑，整个外形看上去就像是一艘海上舰艇。石鳖的足底部分恰好也是平滑的，但石鳖的肉体较薄，晒干后会收缩弯曲得比较厉害，而且其足部的边缘很粗糙。因此，通过观察肉干的弯曲程度和底部边缘的粗糙程度就能初步加以区分。另外，还可以通过观察鲍鱼干或石鳖干的背部来分辨它们，石鳖背部的8块壳板，在后期加工晒干时虽然会被剥掉，但总是会留下一道道明显的印痕，所以，凡是背面有明显印痕的就一定不是真鲍鱼了。

传奇广角

石鳖的形态特征与生活习性

石鳖的身体极其柔软，伸缩性很大，就连狭窄的石缝也能成为它的藏身之所。石鳖可以牢牢地吸附在岩石上，如果想把它从岩石上采下来，必须出其不意，一旦它有了准备，那就比较困难了，有时候甚至把它的身体弄破了也采不下来。这是因为石鳖将足部的肌肉一收缩，能使腹面与岩石之间形成一个真空的腔，加上足部分泌的黏着物，就能紧紧地吸附在岩石上了。石鳖有时候也会脱离岩石进行活动，这时，它的身体往往会蜷缩成球状。

石鳖多见于温暖地区的潮间带，喜欢生活在岩礁海岸，也有的生活在约4000米深的海水中。它们的身体呈椭圆形，多数种类最长可达5厘米，但在北美的太平洋海岸，有一种石鳖竟然可以长到40多厘米。生长在我国海域的石鳖身体长度通常只有2～3厘米，属于体型较小的一种。石鳖不论大小，都有一个共同的特点就是足很肥大，它们的足和身体的形状大致相同，也为椭圆形。石鳖用腹足在岩石表面爬行，速度缓慢，常常在夜间活动；如果有足够

石鳖柔软的足部可以使其吸附在不平滑的礁岩上

的食物供应，它们可以在一个地方停留很长时间。有人曾经特意观察过一种石鳖的活动情况，观察结果显示，石鳖在9个月中总共的活动范围不超过0.5平方米。

石鳖是一种酷爱吃海藻的软体动物，它们遍布世界各地，用其进化得很完美的齿舌刮食海藻。但石鳖中也有另类——一种戴“面纱”的石鳖，这种石鳖从不吃素，它们会用自己特有的“面纱”做成一个45°角的陷阱，当一些不知危险的小鱼、小螃蟹靠近陷阱时，它便会立即拉下面纱，罩住猎物，然后享用这些富有营养的食物。

岩石上的藻类是石鳖的美食

有的石鳖品种颜色十分艳丽

镇海之宝——龙宫翁戎螺

传奇聚焦

翁戎螺属于腹足纲，是古腹足目中一个最原始的类群，其化石种从三叠纪至第三纪都有发现。由于3亿年来翁戎螺的形态基本没有改变，因此被称为“活化石”。

在翁戎螺家族中，龙宫翁戎螺是个体最大、最珍稀的一种。它的外壳布满了五彩斑斓的花纹，闪烁着晶莹的光泽，好似沐浴在霞光中的金字塔，又宛如一座想象中金碧辉煌的龙宫宝殿。在它光鲜的外表背后究竟蕴藏着怎样的秘密呢？

传奇特写

珍稀的“贝类之王”

在我国广西北海有一座世界贝类、珊瑚馆，它也是迄今为止我国最大的海洋贝类标本展览馆。在馆内藏有的数以百计的珍稀宝贝中，有一个镇馆之宝，那就是一颗品质上乘的龙宫翁戎螺。它的外形呈钝圆锥状，高约15厘米，壳宽约20厘米，壳面颜色红黄相间，远远看去有点像传说中的火焰山，有幸目睹其风采的人无不为其美丽而惊叹。

龙宫翁戎螺之所以得此雅称，是因为人们觉得它的外形仿佛想象中那熠熠生辉的龙宫宝殿。龙宫翁戎螺是贝类中少有的珍稀名贵品种，它的珍贵不仅在于它的美丽和稀有，更在于它对研究古生物演变的科学价值。生物学家们把珍藏在博物馆里的龙宫翁戎螺标本与发现的龙宫翁戎螺化石进行比较，发现它们与3亿年前的形态几乎一模一样。在如此漫长的岁月里，绝大部分物种不是遭遇灭绝就是历经进化，而龙宫翁戎螺却基本保持着原样，足见其独特之处。因此，生物学家们也将龙宫翁戎螺誉为海贝世界中的“活化石”，认为其科研价值不亚于陆地上的大熊猫。

龙宫翁戎螺

在翁戎螺家族中，龙宫翁戎螺无疑是最具特色也最为珍稀的品种，它不仅个儿大，形态也十分美观，火焰山、金字塔、龙王宫都是人们对它的丰富想象。除了造型之外，龙宫翁戎螺外壳上的花纹也比其他的海贝要精致许多，再加上大而深的脐孔，它确实可以算作海贝中的佼佼者了。难怪不少人见它第一眼时便觉得它与众不同呢！龙宫翁戎螺的独特外形与精美花纹恰似一顶象征崇高地位的王冠，因此又被人们誉为“贝类之王”。

“贝类之王”
龙宫翁戎螺

移居深海的“隐士”

人类对贝类的研究，可追溯至2000多年以前。生物学家们通过对翁戎螺化石的研究，确认这种海螺是5.7亿年前出现在地球上的海洋生物，由于此后很长时间没有发现翁戎螺的活体和新鲜的螺壳，科学家们也一度认为翁戎螺在数百万年前就已经灭绝了。

事实上，翁戎螺只不过是“搬家”了，从浅海移居到了人类用普通潜水技术难以到达的较深海底，就像一群“隐士”，在黑暗的大海深处隐居起来。18～19世纪，生物学家曾先后在西印度群岛、印度尼西亚、日本、南非及中美洲海域找到过15种翁戎螺，其中，1879年荷兰贝类学家和贝壳收藏家谢普曼（M. Schepman）在印度尼西亚的贝壳店里意外发现了一枚翁戎螺，并将其命名为 *Entemnotrochus rumphii*（中文名为龙宫翁戎螺）。后来，这枚龙宫翁戎螺被荷兰鹿特丹自然博物馆收藏，人们也将它称为“龙宫贝”。令人遗憾的是，在之后的半个多世

翁戎螺

纪里，世界上再也没有人发现第二枚龙宫翁戎螺，所以这枚珍藏在荷兰鹿特丹自然博物馆中的龙宫翁戎螺便成了当时举世无双的珍宝。

龙宫翁戎螺

直到1936年和1937年时，龙宫翁戎螺才再次被发现，人们在日本海和菲律宾群岛海域相继捕捉到两枚龙宫翁戎螺，其中的一枚还是幼体。这两枚龙宫翁戎螺被送到日本东京的一家研究所里进行研究。然而，不幸的是，这家研究所在“二战”的一次空袭中被炸毁了，两枚珍贵的龙宫翁戎螺也在战火中消失得无影无踪，只留下了一些照片让人回忆。自此，龙宫翁戎螺又一次消失在人们的视野中。

由于不了解龙宫翁戎螺的生活习性，同时深海潜水技术还没有达到较高的水平，龙宫翁戎螺一直是一种谜一样的生物。1968年，一艘来自我国台湾基隆的渔船偶然间的发现又给人们带来了惊喜。当时渔船航行至东沙群岛，渔民把渔网撒向深海，但起网时却发现十分困难，几经周折才把网拖到了渔船的甲板上。渔民们吃惊地发现，渔网已经被海底的礁石划破，渔网内连一条鱼和一只虾都没有，只有一只他们从未见过的金字塔形的海螺。他们将这只海螺带回台湾，经贝类学家确认，这只海螺正是珍贵的龙宫翁戎螺，而且还是一只完美无缺的活体龙宫翁戎螺。这只宝螺是人类发现的第四只龙宫翁戎螺，也是当时世上存有的第二枚龙宫翁戎螺标本。消息一经传出，便轰动了整个生物学界，专家学者无不为之振奋。一位日本商人闻讯赶到我国台湾，以1万美元的天价，从渔民手中买走了这只龙宫翁戎螺，然后以更高的价钱转卖给了日本的一家水族馆。当时的1万美元，约合40万元台币，根据当时台湾岛上的物价情况，足可以买一幢小别墅了。后来，人们在台湾又采集到几只活体龙宫翁戎螺。龙宫翁戎螺在台湾的发现，引发台湾人对贝类产生了浓厚的兴趣，并促进了台湾贝类学会的成立。台湾邮政部门为了纪念这件事情，在1971年还专门发行了世界上首枚龙宫翁戎螺邮票。

近年来，海洋科技的不断发展使人类有能力向海洋更深处探索，随着新的龙宫翁戎螺

大尺寸的龙宫翁戎螺价值不菲

栖息地被陆续发现，人类拥有的龙宫翁戎螺的数量也在不断增加，但在全球的博物馆内和贝类收藏家手中的龙宫翁戎螺的总数也不过1000多枚。龙宫翁戎螺依然是稀世珍宝，依然是贝类收藏家们梦寐以求的藏品。由于自然产量极少，且藏匿于较深的海底又难以捕捉，所以其价格也一直居高不下。在台湾，一枚品相上乘的大尺寸龙宫翁戎螺，售价曾经高达100万台币，因此，龙宫翁戎螺又被台湾的收藏家称为“百万富翁螺”。目前在中国大陆的贝类收藏界，尺寸大品质高的标本，价格在2万元人民币以上。

小·贴·士   

龙宫翁戎螺的新发现

2014年6月，福建宁德的渔民，在我国的钓鱼岛海域，采到一个壳宽20厘米的活体龙宫翁戎螺。可惜的是，由于存放不当回到岸上时这只龙宫翁戎螺已死亡，它的壳体现保存于中国科学院海洋生物标本馆。

传奇广角

龙宫翁戎螺的形态特征与生活习性

龙宫翁戎螺是翁戎螺中体型最大的海螺，目前发现的最大的龙宫翁戎螺的壳宽约28厘米。龙宫翁戎螺壳上有一条不规则的锯齿状的细长裂缝，乍看起来像是破损之处，实际上这是龙宫翁戎螺用鳃腔呼吸和排出废物的通道。在龙宫翁戎螺螺壳底部，还有一个又大又深的圆形脐孔，它一直通到螺顶。这些特殊的体貌特征使得龙宫翁戎螺很容易鉴别。

龙宫翁戎螺常栖息在水深80～250米的粗沙或礁石缝中，用腹足在水底爬行前进，它的食物主要是海绵和海藻。龙宫翁戎螺主要分布在西太平洋，在我国发现于南海和台湾岛的东北部海域。

龙宫翁戎螺

善于伪装的收藏家——衣笠螺

传奇聚焦

有人说它是聪明机灵的调皮鬼，有人说它是海贝中的伪装大师，还有人说它是专业的贝壳收藏者，那么拥有这么多称呼的“它”到底长什么样，又有着怎样奇特的本领呢？

传奇特写

无与伦比的魔术师

当你第一次看到它的壳，或许会感到诧异，究竟它本来就长成这般模样，还是有什么特殊的技能把许多贝壳或沙砾粘在了一起？假如是天生如此，那未免也太过神奇；如果是刻意为之，它又是用什么办法完成了这让人叹服的奇作呢？别急，答案即将揭晓……

衣笠螺

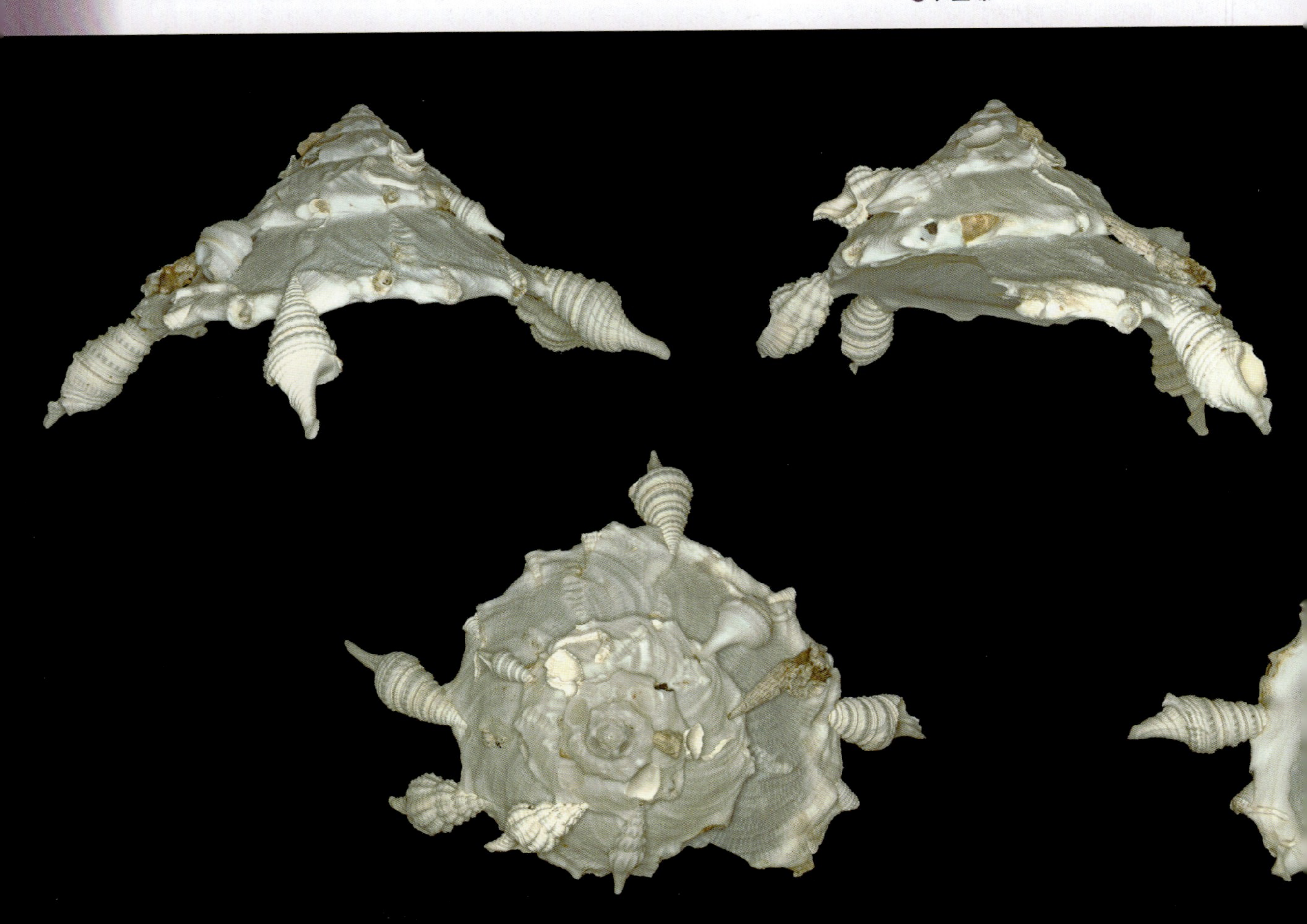

衣笠螺因其自身的壳呈钝圆锥形，很像一个斗笠，故而得名；又因其壳体上大多黏附有不同种类海贝的壳或小沙石之类的海底杂物，所以也被称为缀壳螺。衣笠螺属于腹足纲，有一个不对称的石灰质外壳。与其他海贝不同的是，它的壳上布有若干缀物，有的零星散布，有的密密麻麻，还有的层层叠叠，甚至将壳面完全覆盖。难道是这些缀物自己“跑”到了衣笠螺身上安了家吗？当然不是！衣笠螺为了伪装自己，避免被天敌发现而想出了一个妙计：用散落在海底的贝壳、沙石等杂物给自己做一件迷彩服。衣笠螺不仅“爱打扮”，而且还很讲究，它不是漫无目的地把杂物抓来即用，而是对物体的种类、颜色、光泽以及形状进行严格筛选，并按照某些规律把杂物沿着缝合线呈螺旋形或放射状安放。如此一来，衣笠螺就像变魔术一样成功变身了，是不是很神奇呢？

不同视角下的衣笠螺

高品质的黏合剂

细心的你也许会问，衣笠螺是怎样把各种杂物固定在壳体上的呢？其实，衣笠螺能分泌一种黏液，这种黏液是效果极好的黏合

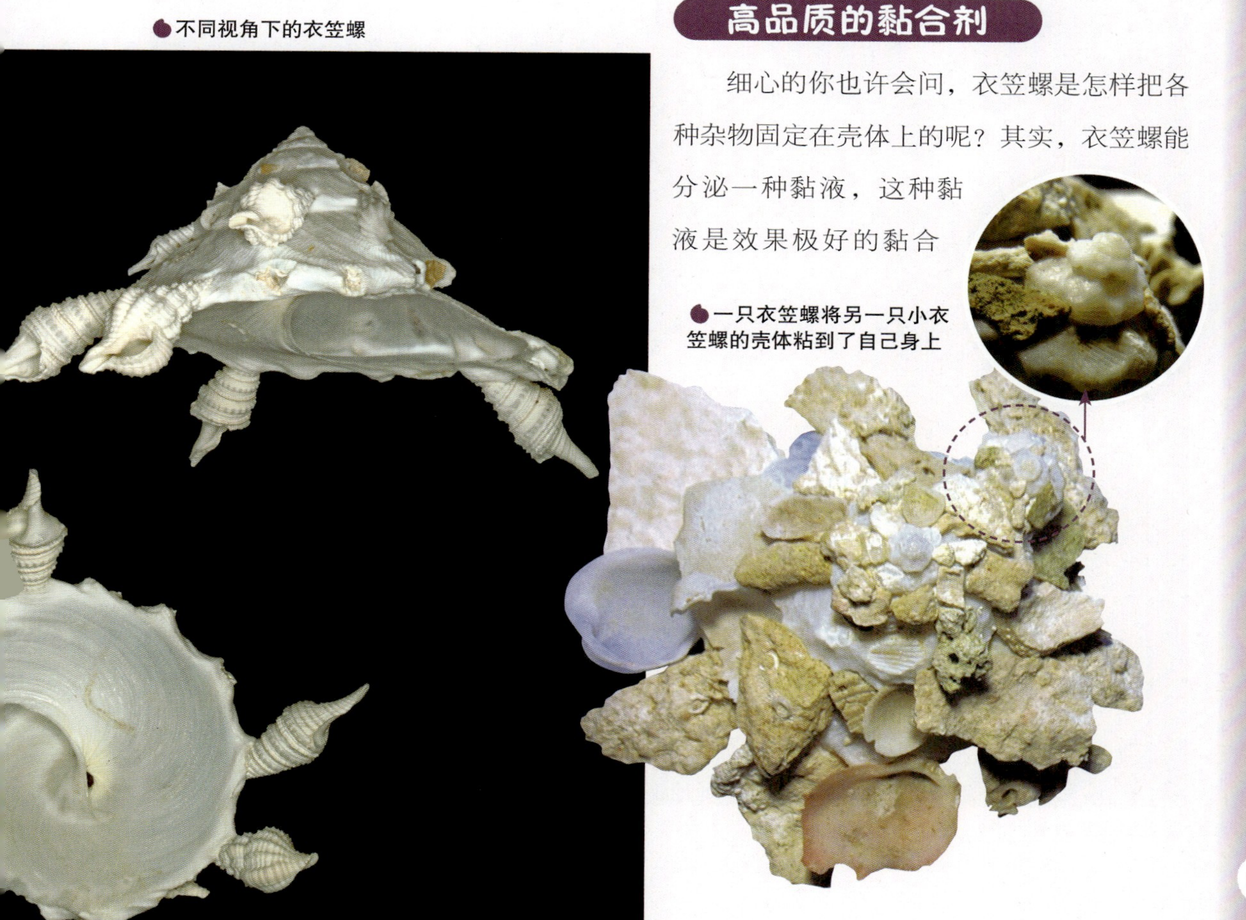

一只衣笠螺将另一只小衣笠螺的壳体粘到了自己身上

剂，能帮助衣笠螺把采集到的物品牢牢地黏住，使它们不会因为海水的冲刷和腐蚀而脱落。在日常生活中，我们经常会用到一些黏合剂，有水溶型的也有热熔型的，有天然的也有人工合成的，可根据需要在不同的条件下使用。但像衣笠螺分泌液这种能在水中直接产生黏合作用且效果极好的黏合剂还真不多见，这也吸引了科学家们的注意，相信不久的将来一种新型的“衣笠螺”黏合剂会研制成功，给我们的生活带来更多便捷。

衣笠螺缀物

传奇广角

自然美才是真的美

衣笠螺挑选“装饰品”的范围极其广泛，种类也是五花八门，常见的有贝壳、小沙石，也不乏碎珊瑚、玻璃片儿、酒瓶盖等，碰巧的话发现一枚戒指也不是没有可能哦！人们对衣笠螺的别致造型充满了好奇，更对它壳体上的缀物倍感兴趣，有人就专门搜集缀有各种另类缀物的衣笠螺，但也有人为了求异在衣笠螺壳上人为地粘贴一些怪异的物品。据说，有些地方在出售衣笠螺

缀有玻璃的衣笠螺

缀有硬橡胶的衣笠螺

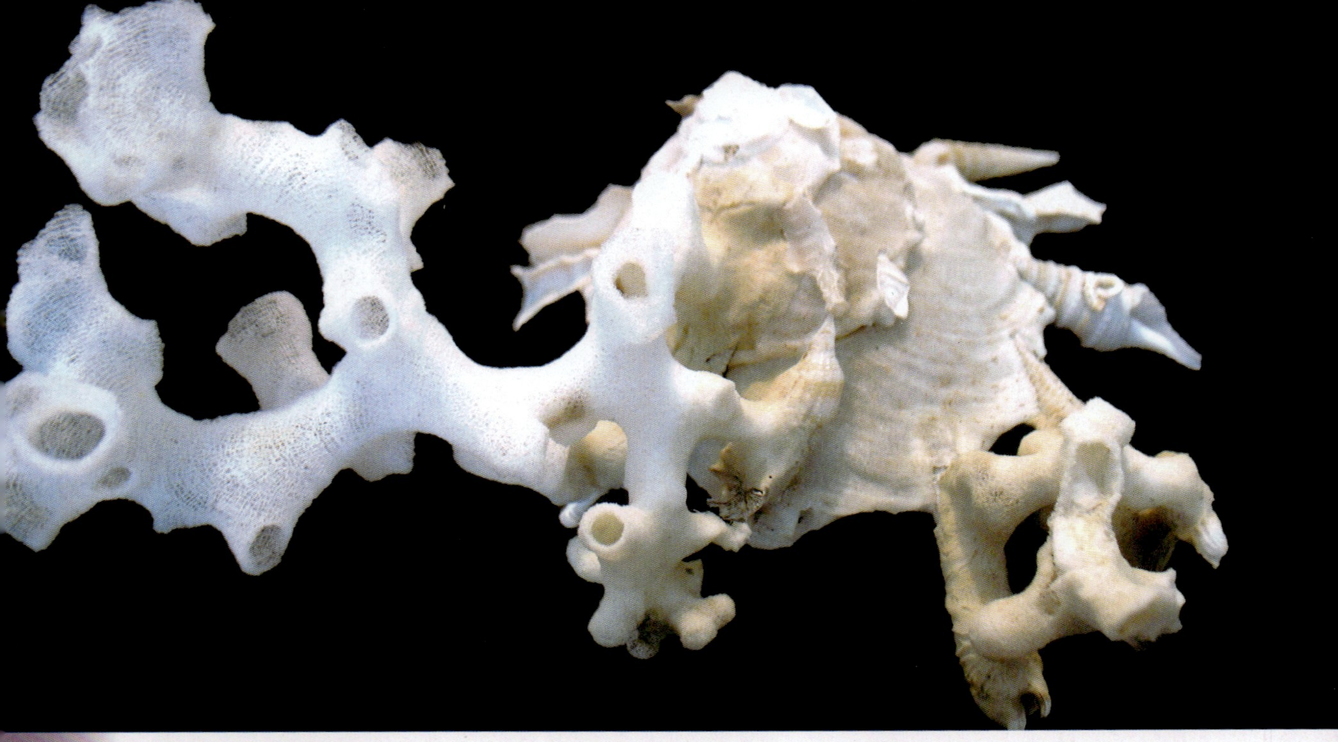

缀有碎珊瑚的衣笠螺

时，不光贝壳缀物的种类齐全，甚至所缀饮料瓶盖的牌子也可选择。那些经过加工的衣笠螺壳虽然奇特，但并非衣笠螺在自然生长过程中形成的，不仅收藏价值大打折扣，其艺术美感也逊色许多，毕竟自然美才是真的美，你说呢？

衣笠螺外壳表面的波状纵肋

衣笠螺的形态特征与生活习性

成体衣笠螺的壳宽在7.5厘米左右，螺塔高度适中，多呈斗笠状，壳质较薄，壳表呈白色、淡黄色或黄褐色。脐孔通常较大，周围有环纹或放射状细螺纹。壳口边缘弯曲度大。它们喜欢在潮下带至深海泥沙质、有碎贝壳或石砾质的海底活动，以有机质为主要食物，对外界环境的变化（如光线等）十分敏感，主要分布在印度洋–太平洋海域以及南非和日本海域。

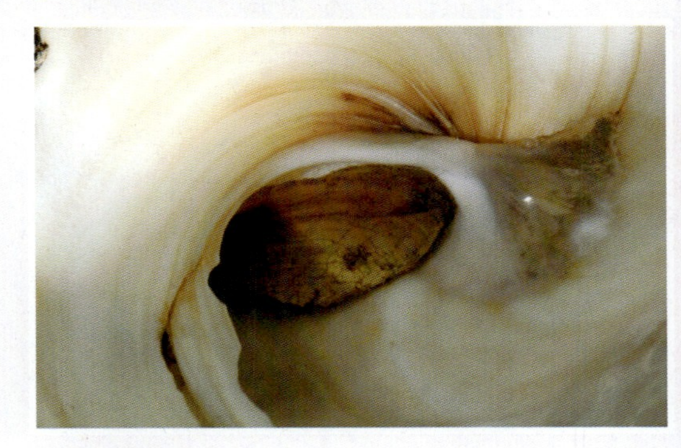

衣笠螺的厣

粉红珍珠的诱惑——大凤螺

传奇聚焦

哥伦布在发现新大陆的航海历程中，在当时的西印度群岛上，品尝到了那里味道鲜美独特的螺肉，之后便一直赞不绝口。1987年，好莱坞影星伊丽莎白·泰勒在出席盛典时，所佩戴首饰上的粉红色珍珠光艳夺目。其实，那螺肉与珍珠均来自即将出场的这位海贝明星——大凤螺。

传奇特写

赞不绝口的美味

大凤螺在我国台湾也称“女王凤凰螺”，大凤螺之所以被称为凤凰螺，是因为它们具有独特的壳体造型。大凤螺的壳具有宽大的外唇，看起来像是凤凰展翅似的，而且它漂亮的色彩和花纹也深受人们的喜爱。大凤螺是凤螺科中个体最大的种类之一，壳长通常可达35厘米。壳面呈黄褐色，肩部有发达的角状突起。外唇宽大，形如展翅，内唇光亮如瓷。壳口内呈现出大片粉红色，十分漂亮。

1492年，意大利航海家哥伦布率船队航行至西印度群岛时，发现岛上的居民都非常钟爱一种体形较大的海螺。岛上的人喜欢用这种大海螺来装饰、美化自己的家园，哥伦布也

大凤螺

对这种螺产生了兴趣。当地人邀请哥伦布品尝刚捕上岸的新鲜海螺。品尝后哥伦布对螺肉连连称赞。当他知道吃过的螺肉和看到的装饰物源自同一种海螺后，就更加赞不绝口了。哥伦布当年所见到的正是大凤螺。现在大凤螺已经成为西印度群岛外来游客最常购买的纪念品之一。

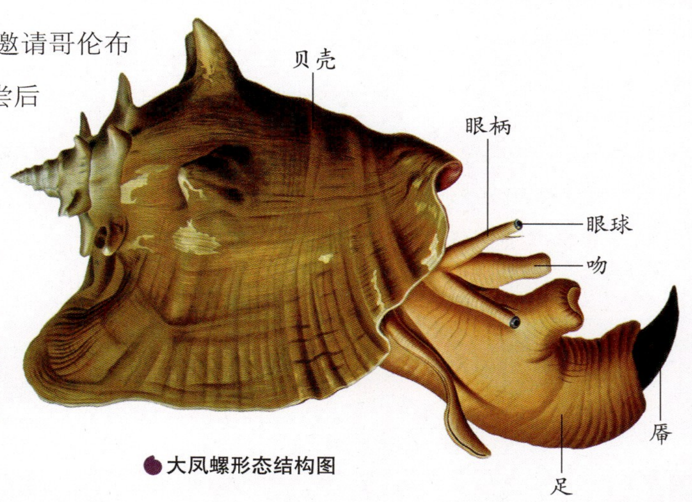

大凤螺形态结构图

稀有独特的粉色珍珠

一般人都认为只有双壳纲的贝类才能孕育珍珠，但令人惊奇的是某些腹足纲的海贝也可以孕育珍珠。产于大西洋西部加勒比海的大凤螺就可以孕育出一种海螺珍珠，它们是当大凤螺包裹钻入其体内的蠕虫时，自身分泌的钙质经过结晶而形成的。这种海螺珍珠是极其稀有且昂贵的有机宝石。在人们刚发现大凤螺时，它们因肉质柔嫩鲜美而备受高级料理爱好者的青睐，而海螺珍珠是在清洗和加工螺肉的过程中偶然发现的。现在看来，这确实是个意外惊喜。但是，在19世纪中叶之前的记载中都没有关于海螺珍珠作为珠宝使用的介绍。

海螺珍珠

大凤螺所产的珍珠有洋红色、粉橙色、金色、粉色以及白色，大多数海螺珍珠都是椭球形或卵形的，接近正球形状的难得一见。海螺珍珠最为独特的要数它身上的火焰纹了，这种纹路不会出现在每一粒海螺珍珠上，所以有火焰纹的海螺珍珠就更加珍贵些。对于一般珍珠而言，闪亮的珠光是其重要特征，而对海螺珍珠而言变彩则更为重要。其实，许多

●镶有海螺珍珠的白金钻石鱼吊坠

矿石都有变彩效应，如虎眼石、猫眼金、绿柱石等，然而在珍珠的世界里，却只有海螺珍珠拥有变彩效应。所以，带有变彩与火焰纹的粉色椭球形海螺珍珠便成了独一无二的珍贵珠宝。

海螺珍珠的粉红色调对白金首饰起到的美化作用，几乎令所有其他宝石都相形见绌。镶嵌在白金上的海螺珍珠，显得既灵动又不失高贵，确实会使人爱不释手。在20世纪早期，宝石工匠就将海螺珍珠融入具有自然创意的作品之中，如发饰、戒指、项链坠等。这些精美饰品上的海螺珍珠散发着独特的魅力，好似一位藏在百花之中的仙子，吸引着众人的眼球。然而第一次世界大战后，人们对海螺珍珠的兴趣却突然大减，直到20世纪80年代，它才重新获得设计师的赏识。1987年，当好莱坞影星伊丽莎白·泰勒（Elizabeth Taylor）佩戴着一套海螺珍珠首饰出现在大众面前时，人们纷纷对这套首饰表示出浓厚的兴趣。对海螺珍珠的运用，最著名的莫过于日本御木本珍珠公司的山口亮先生，他在1987～1997年，每年都会为海螺珍珠制作一组专门的系列产品。整整10年的推广，使日本市场成为第一个对海螺珍珠具有重大消费意义的市场。

海螺珍珠白金钻戒

海螺珍珠钻石项链

海螺珍珠钻石饰品

哈利・温斯顿

小・贴・士

哈利・温斯顿

哈利・温斯顿（Harry Winston）是世界上顶尖的珠宝品牌之一，其发展历程堪称辉煌。1987年，创始人温斯顿把海螺珍珠也作为珠宝首饰的制作元素，为了更好地推广，还将成套的海螺珍珠首饰借给著名的好莱坞影星伊丽莎白・泰勒进行展示宣传。泰勒佩戴着海螺珍珠饰品惊艳亮相，在好莱坞掀起了一阵新的时尚风潮。

伊丽莎白・泰勒

传奇广角

濒危的大凤螺

大凤螺是一种大型可食用的海蜗牛，寿命一般为25年。它们生活在加勒比海峡、佛罗里达群岛、百慕大群岛与南美中部和北部的浅海暖水区域。起初大凤螺的捕捞工作一般规模都比较小，通常由一个人负责开船，由另外1～4个人负责潜水捞螺，潜水员需先潜至12米深的地方，然后用带钩的竿子钩取大凤螺。现在，先进的潜水设备可帮助潜水员下

大凤螺在海底窥探外界情况

在浅海区已经难觅大凤螺的踪影

潜至30多米的深度进行捕捞。然而，产业化捕捞所带来的资源过度开发，已导致大凤螺种群数量不断减少。30多年前，在佛罗里达群岛的浅水区域就能找到大凤螺，而如今渔船要开很远，潜水员要潜到很深的地方才能偶尔找到零星的个体。1992年大凤螺被纳入《野生动植物濒危物种国际贸易公约》中进行保护，政府机构对大凤螺从捕捞到产品出口的各个阶段都进行严格控制。正因为如此，大家也开始逐渐关注大凤螺的人工养殖，希望能找到野生大凤螺的替代品。其实，大凤螺的人工养殖从20世纪70年代以来就一直在进行之中，只不过未引起足够的关注且规模较小，但关于大凤螺的人工养殖条件和技术正在不断成熟。

声名显赫

大凤螺因极具观赏性且相当稀有而闻名于世，再加上其出产的海螺珍珠异常珍贵，因此成了收藏爱好者们竞相追捧的对象。大凤螺的图案经常出现在钱币、邮票和明信片上，有的地方甚至还把大凤螺的图片和英国维多利亚女王以及伊丽莎白二世女王的肖像排在一起。这样看来，大凤螺的名气确实非同凡响。

小·贴·士

特克斯和凯科斯群岛上的大凤螺养殖

在西印度群岛中的特克斯和凯科斯群岛上有一所海螺养殖场，在那里人们将大凤螺从幼体培育到成贝，力求把大凤螺的品质做到最佳，进而做成沙拉等食品以供出口。这些用海螺做成的美味无比的海产品越来越受到人们的欢迎。

国家二级保护动物——虎斑宝贝

传奇聚焦

在陆地上有一种叫变色龙的动物，它们会根据不同的环境来变换身体的颜色，从而保护自己。而在海洋中也生活着这样一种贝类，它们贝壳的颜色也会随环境的变化而变化，有时甚至会出现纯白色或纯黑色的个体。这种海洋中的神奇宝贝到底有什么奥秘呢？

传奇特写

名称由来

虎斑宝贝也称虎皮贝和黑星宝螺，是宝贝科动物中个体较大、壳体较美的一种。虎斑宝贝的壳面十分光滑，覆有由外套膜分泌出的珐琅质，所以具有白色或淡黄色的美丽光泽，再加上壳面分布着大大小小的黑褐色斑点，整个宝贝看起来犹如虎皮一般，故而得名。

虎斑宝贝通常分布于印度洋-西太平洋暖海域，是最常见也是最知名的一种贝类，由于数量多且具有较高的收藏和观赏价值，过去在贝壳商店和海边的地摊上随处可见。近年来因过度捕捞，在我国的海南岛和西沙群岛等虎斑宝贝的栖息地，其数量一直在减少。因为虎斑宝贝是名贵的观赏品，而且采捕比较简单，不需要太高的成本，所以一些渔民十分热衷于虎斑宝贝的捕捞工作，一到春、夏季节，光是西沙永兴岛一地的月收购量就可高达50千克，虎斑宝贝资源受到严重的破坏。如今虎斑宝贝已经成为世界濒危贝类品种，如果不加以保护，它可能会从地球上永远消失。也正因为如此，现在我国已经把身份特殊的虎斑宝贝列为国家二级保护动物了。

虎斑宝贝

国家二级保护动物——虎斑宝贝

保佑母子平安的"子安贝"

虎斑宝贝属于宝贝科，这一科属的动物形态多为卵形，贝壳表面平滑且富有瓷光。宝贝属的拉丁学名为 *Cypraea*，这一名称源自地中海中一个名叫塞浦路斯（Cyprus）的小岛。在宝贝属中，最典型的代表就是虎斑宝贝了。虎斑宝贝无论其科属命名，还是其变色的特异功能都为其增添了无限的神秘色彩，在这种神秘的光环下，虎斑宝贝又被我国古人赋予了别样的法力。在我国古代，医疗技术相对落后，很多分娩的孕妇因难产而丧命，多数人都对此产生了畏惧之心。后来，有人传说，只要让即将生产的孕妇手中握一个虎斑宝贝就可以幸免于难，顺利生产了。古人认为有了虎斑宝贝的保佑，孕妇和孩子就都能平安，所以虎斑宝贝在古代又被称作"子安贝"。其实，传说中的虎斑宝贝是人们美好心愿和希望的寄托，因为人们对美好生活总是充满向往，所以就相信有神奇光环的虎斑宝贝能给家人带来平安健康。在我国古代传说中具有神奇法力的"子安贝"后来也常泛指一些个体较大的宝贝，如阿文绶贝等。

虎斑宝贝

传奇广角

虎斑宝贝的形态特征与生活习性

虎斑宝贝个体较大，呈卵形，壳长9.8厘米左右。背部浑圆，顶部内凹陷，壳面呈灰白或淡褐色，背部布满不规则的黑褐色斑点，两侧和腹面呈白色，壳口狭长，两唇齿较短。虎斑宝贝与宝贝科的其他种类一样，成体时外表没有明显的螺旋部，只是在其幼年时期才能看到螺旋层，在后期发育成长的过程中，螺旋层逐渐被包在里面，成体时外部已经完全看不到螺旋层了。

虎斑宝贝

虎斑宝贝

虎斑宝贝喜欢生活在低潮线下1米至数米深的珊瑚礁或岩礁质海底。它们害怕亮光，行动迟缓，属于昼伏夜出型的动物，白天喜欢躲在珊瑚礁的洞穴中或岩石缝间休息，到晚上才会出来寻找食物。虎斑宝贝是一种肉食性贝类，有孔虫、海绵、小型甲壳类动物等都是它们的捕食对象。虎斑宝贝通常分布于热带和亚热带海域，在我国台湾和南海诸岛都可以见到，西沙群岛附近海域是其分布最多、最密集的地方，此外，在日本、菲律宾及太平洋诸岛也有广泛分布。虎斑宝贝的产卵期多在每年的3～4月份，母贝会将卵产在珊瑚洞穴或空贝壳里，为了保护产出的新卵，使其免受其他动物的吞食，有时雌贝还会卧伏在洞穴或贝壳之上将卵盖住。一般在经过1～2周之后，虎斑宝贝的幼贝就会孵化出来了。

海贝中的土豪金——黄金宝贝

传奇聚焦

在南太平洋有一个名叫斐济的岛国，早期那里的人们视黄金宝贝为财富、权力和地位的象征。谁能拥有黄金宝贝，谁就可以拥有统治权力。做过标记的黄金宝贝被当成统治者调兵遣将的信物，好比是中国古代帝王授予臣属兵权用的“虎符”。

传奇特写

神奇之贝

在宝贝科家族中，黄金宝贝可谓佼佼者，它们不仅壳大形美，而且色彩瑰丽、光泽夺目。黄金宝贝通体呈深橙色，在强光的照射下，像陶瓷一样的壳面能散发出金黄色或桃红色的光泽，这种绚丽的光泽被人们称为“奇异之光”。黄金宝贝有着与生俱来的高贵品质，关于它的美丽故事也广为流传。

相传，在南太平洋的岛屿上，曾经有一位青年独自驾着小舟出海捕鱼，在途中他突遇狂风暴雨，当天晚上未能顺利返回家中，人们纷纷猜测他可能已经遇难。但是，就在人们都为他感到难过惋惜之时，他却手捧一枚金光闪闪的黄金宝贝安然归来。原来，青年的小船被狂怒的巨浪掀翻，他落入海中，就在几近绝望之时，却突然发现海底有一丝光亮，于是他便朝着光亮的方向游去，最后竟然在珊瑚丛中找到了一枚熠熠生辉的卵形宝贝。他双手捧起宝贝，在它的指引下奇迹般地浮出了海面。神奇的宝贝用它的金光驱散了阴霾，不一会儿天空骤然晴朗，海面重新恢复平静，青年带着这个偶然得到的宝贝返回了家园。人们无不对青

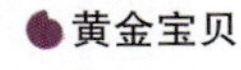

年在困境中表现出的勇气和他带回来的神奇宝贝感到惊讶，一致推举他为岛上的酋长，从此以后，黄金宝贝也就成为岛屿上尊贵身份和统治权力的象征。

黄金宝贝藏匿在深海之中，据传只能在一种叫作“鮀”的鱼的腹中才能找到，所以十分稀罕。在远古的玻利尼西亚，拥有黄金宝贝被视为贵族身份的象征。生活在南太平洋岛国斐济的人们，早期也把黄金宝贝视作身份和地位的象征，如果谁能拥有一枚黄金宝贝，谁就拥有了统治者的权利。通常情况下，黄金宝贝还被当作调兵遣将的兵符使用，其作用相当于中国古代帝王授予臣属兵权用的“虎符”。

土著人的贝壳项链

詹姆斯·库克船长

黄金宝贝是一种名气极大的宝贝科海贝，以其所反射的美丽光芒闻名于世。黄金宝贝在1791年被首次命名，最早发现它的人是著名的英国航海家詹姆斯·库克（James Cook）船长。库克船长是英国皇家海军军官，他曾经三度奉命出海前往太平洋，成为首批登陆澳大利亚东海岸和夏威夷群岛的欧洲人。库克船长在环球航行中曾到达过塔希提岛，他发现当地的土著人喜欢佩戴用黄金宝贝的壳制成的项链，项链的样式十分精美，于是库克船长便用一些物品从他们手中交换了很多这种贝壳项链。其实，吸引库克船长的除了项链本身的精美样式之外，还有传说中黄金宝贝所拥有的神奇力量。据当地的土著人说，黄金宝贝产自距离塔希提岛较远的斐济，那里的人们都认为这种宝贝具有神奇的力量，可以保佑自己和家人平安，并且能带来财富和好运。因此，塔希提岛的人们不惜花费大量时间和精力到斐济海域去捕捉黄金宝贝，并在贝壳上穿孔，将其与鸟的羽毛和当地一种树的树皮用绳子穿在一起，佩戴在脖子上做成护身符。

塔希提岛的美丽景色

传奇广角

价值不菲

库克船长在塔希提岛发现的黄金宝贝由于被穿成一串串的项链，因而几乎全部在同一位置留下了不可修复的孔洞。在当时的拍卖会上，这种有孔洞的标本往往成交价格较低，不过这种状况并没有持续多久。到19世纪初，塔希提岛上的土著人再也无法去捕捉这种宝贝了，因为斐济群岛上野蛮的食人族会杀死前来捕捉海贝的人，所以黄金宝贝的价格一路飞涨，当时一枚黄金宝贝的价格达到了20英镑以上。后来，在西太平洋的菲律宾以及我国台湾的绿岛等地黄金宝贝又陆续被发现，越来越多的标本进入到市场中，它的价格也因此开始下降，但黄金宝贝在人们心目中的高贵地位却从未改变。迷恋黄金宝贝的人不仅限于贝壳收藏爱好者们，很多不收集贝壳的人也想买一枚放在家里，以期为全家带来好运。黄金宝贝因其美丽的外形和吉祥的寓意，而备受广大贝壳收藏者的青睐，具有很高的观赏和收藏价值。

黄金宝贝

黄金宝贝的背面与腹面

黄金宝贝的形态特征与生活习性

黄金宝贝的贝壳呈卵形，壳底微鼓，表面平滑，色泽亮丽，呈金黄色，背部隐约可见宽的螺带，腹面为白色或淡紫色，两唇齿细小，呈金黄色。黄金宝贝生活于热带暖海水深8～30米的浅水区域，多生活在岩礁、珊瑚礁或泥沙海底。它们行动缓慢，害怕强光，白天蛰伏在珊瑚洞穴或岩石下面，黄昏时外出觅食，主要以海绵、有孔虫、藻类和小的甲壳类动物等为食。

黄金宝贝生态图

鱼腹中的珍宝——天王宝贝

传奇聚焦

在蔚蓝的大海中，隐藏着稀有的天王宝贝，它们生活在不适合拖网的海域，鱼腹是它们通往外界的主要渠道，人们早期获得的天王宝贝主要就是渔民从鱼腹中发现的。

传奇特写

腹中寻宝

天王宝贝通常喜欢藏匿于礁石的下面、珊瑚礁间或者其他洞穴内，不适合拖网捕捞，所以难以获得。假如一条刚吞下一个天王宝贝的大鱼被人捕到，此时天王宝贝还没有被消化，因此人们可能会得到一个稀有的活体海贝标本，如此来之不易的海贝，其贝壳必然也是十分珍贵的。

尽管有些宝贝不容易被发现和捕捉，但有时却能意外获得。在收藏爱好者之间流传着一个关于天王宝贝的传奇小故事。据说，在菲律宾曾经有一个饥饿的小男孩在海边钓了一条大鱼，回家剖开鱼腹时意外发现了一枚漂亮的贝壳。他将贝壳拿到贝壳商店去出售，希望能换一些零用钱，可老板惊奇地告诉他这是一枚非常珍稀的天王宝贝，并欣然地付给他3000美元。

著名的华人贝壳学家陈宏凯先生也讲过一个有关他和天王宝贝的故事。20世纪60年代初期，陈宏凯先生旅居菲律宾，那里出产的石斑鱼数量极多。当时的贝壳收藏爱好者大都知道天王宝贝经常可从石斑鱼的腹中发现，而陈宏凯先生恰好居住在一个石斑鱼加工厂附近，这就为他寻找天王宝贝提供了不少方便。每天他都会让加工厂的工人们帮他寻找鱼腹中的硬物，但是一连找了两年仍一无所获，可能是鱼腹中根本就没有天王宝贝，也可能是在鱼腹中的天王宝贝早已被消化掉了吧。而陈宏凯先生却这样日复一日，始终没有放弃的念头。工夫不负有心人，在两年后的一天，他终于如愿发现了一枚鲜活的天王宝贝。陈先生发现的那枚天王宝贝也是当时世界上发现的第四个珍贵标本。陈先生带着异常珍贵的天王宝贝参加了当时在比利时举办的贝壳展，在展览会上他把这枚天

小·贴·士

天王宝贝缘何落入鱼腹

为什么天王宝贝会在鱼腹中被发现呢？原来，由于天王宝贝表面光滑圆润，身上没有棘刺和结节等，便于鱼类吞食，因而一些鱼类喜欢食用。

王宝贝售出，并筹集了一笔巨额的环球旅行费用。据说在旅途中，陈先生认识了一位日本老富翁，这位老先生还曾追问陈先生，为什么他年纪轻轻就能有那么多钱到处旅行，陈先生告诉他只是因为自己得到了一个海贝，那位同游的日本老先生却连连摇头，以为他在和自己开玩笑。

因为天王宝贝极其珍贵稀有，所以一直价值不菲。在天王宝贝主产地菲律宾，当地政府已经将其列为珍稀保护动物并禁止出口，想要得到一枚天王宝贝就更加不容易了，因此，收藏到一枚品质出众的天王宝贝标本便成为许多贝壳收藏爱好者的梦想之一。

神秘身世

天王宝贝为世界最稀有的名贝之一，在20世纪60年代末以前，全世界仅发现两枚天王宝贝。一枚保存在英国自然历史博物馆，另一枚保存在美国哈佛大学的比较动物学博物馆。当时，关于天王宝贝的产地一直是个谜，人们众说纷纭，有人猜测是南非，也有人认为是印度洋中的查戈斯群岛……直到1965年这个谜团的答案才最终被揭晓——有渔民在菲律宾的苏禄海海域捕获了一条深水鱼，并在其胃中发现了两枚没有被消化掉的贝壳，而其中的一枚就是著名的天王宝贝。这一发现在当时的贝壳收藏界引起了很大的轰动，并作为巨大的科学发现刊登于《夏威夷贝类新闻》这一美国著名的贝类杂志上。

哈佛大学比较动物学博物馆

天王宝贝的身世之谜被揭晓后，其产地菲律宾也逐渐成为贝类爱好者的向往之地。1969年，美国著名的贝类学家彼得·丹斯（Peter Dance）出版了一本影响深远的著作——《稀有贝类》（*Rare Shell*），书中列举了50种当时世界上最为珍贵的贝壳，天王宝贝的名字赫然在内，这足以证明其在全世界贝壳收藏者心目中的地位。

传奇广角

天王宝贝形态特征与生活习性

天王宝贝

天王宝贝又称“白齿宝贝”，它的贝壳呈球形，背部隆起，壳面平滑而富有光泽。它的壳背呈棕褐色，并伴有白色及蓝色大块斑点；壳底则呈白色，壳口狭长，唇齿短而粗壮。天王宝贝因其美丽的外形，而备受广大贝壳收藏爱好者的青睐，具有较高的观赏和收藏价值。天王宝贝生活在热带和亚热带的暖海区域，常栖息于水深100～200米的海底，它们喜欢藏匿于礁石的下面、珊瑚礁的空隙间。天王宝贝行动缓慢，白天喜欢蛰伏在珊瑚洞穴或岩石下面，黎明或黄昏时才外出活动。天王宝贝属肉食性动物，主要以海绵、有孔虫、藻类、珊瑚虫和小的甲壳类动物为食。

冒生命危险换来的王子宝贝

传奇聚焦

在菲律宾有着一种特殊的职业——以捕捉王子宝贝为生的潜水者。这些潜水者基本没有受过专业训练，大多来自当地的穷苦渔民，因为生活所迫不得不铤而走险，甚至不惜冒着生命危险去海里寻找价格高昂的王子宝贝。那么，王子宝贝为何如此珍贵呢？

传奇特写

来之不易

王子宝贝是颇具传奇色彩的世界名贝，在1811年时被正式命名。然而，直到1967年，全世界也仅仅只发现了5枚；其中，2枚保存在英国自然历史博物馆，1枚保存在英国剑桥大学的动物博物馆，1枚腐蚀严重的标本保存在荷兰阿姆斯特丹的动物博物馆，还有1枚保存在法国布鲁塞尔的自然历史博物馆。当时人们对这5枚珍贵的标本了解很少，除了知道保存在法国布鲁塞尔自然历史博物馆中的标本采自新几内亚南部海域之外，对其余4枚标本的产地信息一无所知，更无从考证。王子宝贝的壳面纹饰独具特色，而产地之谜又为其平添了几分神秘的色彩。直到后来人们在菲律宾保和省水域附近陆续探寻到王子宝贝的踪迹，它的神秘面纱才逐渐被掀开。据统计，王子宝贝一般分布在澳大利亚北部、新不列颠岛、菲律宾沿海这些热带或者亚热带的浅海海域。

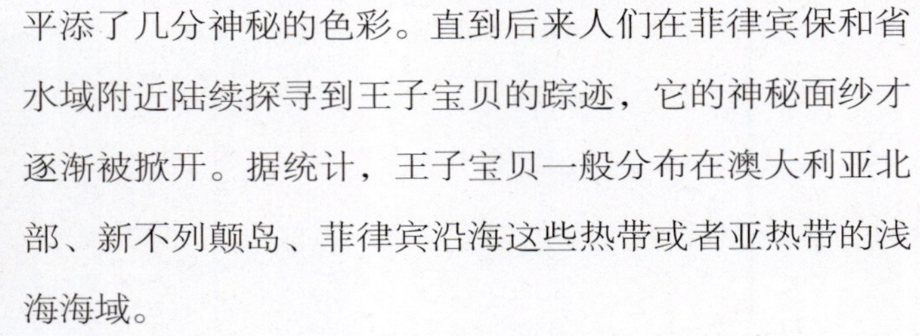

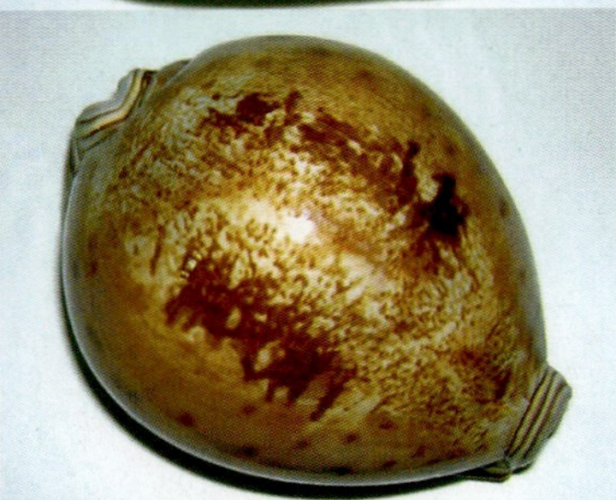

美观大气的王子宝贝

自从王子宝贝令人困惑的产地之谜被揭开后，市面上其贝壳的数目增加了不少，但要购得一枚高品质、大尺寸的标本仍需花费近万元人民币，因为隐藏在海水中的王子宝贝极不容易捕捉。在其主要产地之一菲律宾，不少渔民都成了以捕捉王子宝贝为职业的潜水者，他们常常冒着极大的危险去寻找王子宝贝，甚至会有人因此而丧命。为此，菲律宾政府特别颁布法律，禁止当地渔民用危险的潜水方式去海底捕捉王子宝贝。但是，面对高额收入的诱惑，一些贫穷的渔民还是选择铤而走险，希望以此来改善家里的生活条件。所以说，藏家们手中的王子宝贝是渔民们冒着生命危险换来的。

极具收藏价值

王子宝贝因为其美丽的外壳，一直是拍卖会上的宠儿，同时也因为王子宝贝是捕捉者冒着生命危险捕到的，所以收藏家们对其格外青睐和珍惜。1969年，美国著名贝类学家彼得·丹斯将其列为当时世界最稀有的50种贝壳之一，认为其具有较高的观赏和收藏价值。19世纪初期，王子宝贝的市场价格为40～80英镑，虽然以现在的物价来衡量，看似不值一提，但19世纪英国的人均年收入也大概只有几十英镑，而且当时英国采取的是“金本位制度”，1英镑等价于7.32238克纯金，这样，一枚王子宝贝的价格就相当于现在的10多万元人民币了，足见其珍贵与稀有。

王子宝贝的背面与腹面

传奇广角

王子宝贝的形态特征与生活习性

王子宝贝，壳质坚固，通常为卵形，壳长63~103 毫米，是宝贝科中个体较大的一种。表面镀有一层珐琅质，非常光滑并富有光泽。壳的背面呈棕褐色，上面布满了各种斑点和花纹，腹面呈白色或淡青色，贝壳的边缘有深色的芝麻斑点。王子宝贝通常生活在热带、亚热带浅海中，潮水退去后，多隐藏在礁石的下面、珊瑚礁的空隙间和洞穴内，昼伏夜出，到黄昏时才外出觅食，它们用齿舌捕食海绵、有孔虫、珊瑚虫和小的甲壳类动物，是典型的肉食性动物。

睡梦中念起的金星宝贝

传奇聚焦

金星宝贝外形小巧玲珑，壳面上的点点白色圆斑犹如满天繁星，给人无限遐想，惹人喜爱。金星宝贝拥有让收藏者着迷的神圣光环，正因为如此，很多贝壳收藏者甚至在睡梦中都喊着“金星宝贝”的名字。

传奇特写

地位崇高的尊贵宝贝

金星宝贝无论从哪个角度欣赏，都散发着一种高贵典雅的气质，通体金黄斑驳的色调突显出它的尊贵和与众不同。金星宝贝一直是收藏家引以为荣的藏品，如果可以得到一枚金星宝贝，那么在贝类收藏界就算是有了一定的地位。比如，曾经有一位名叫珍妮·索罗（Jane Saul）的女士不惜花费巨资，得到了2枚品质出众的金星宝贝，她也因此奠定了在贝类收藏界的稳固地位。此后珍妮·索罗女士也被收藏爱好者们称作“宝贝女王”。从这个故事中就可以看出当时金星宝贝在贝类收藏界中的地位。

金星宝贝极其稀有，直到20世纪中期，全世界也才仅仅发现了16枚完整的金星宝贝，而其中的10枚还是在19世纪时发现的。可以毫不夸张地说，那个时候的贝壳爱好者就是在睡梦中，也经常念起“金星宝贝”的名字。由于金星宝贝的价格十分昂贵，因此只有极个别十分富有的收藏家才有机会获得，而绝大

金星宝贝

多数的贝壳收藏爱好者只能在贝壳展览的时候一饱眼福。20世纪中期以后，贝壳收藏爱好者在新几内亚海域陆续发现了一些金星宝贝的标本，但其数量依然很少，价值仍然不菲。由于金星宝贝堪称贝类中气质最为典雅、地位最为尊贵的宝贝之一，捕捉它很快就被当地土著居民视作一项谋生的手段。新几内亚是当时金星宝贝最主要的产地之一，当那里发现的金星宝贝引起贝类收藏界的关注时，当地的土著居民马上意识到金星宝贝的巨大价值，于是一窝蜂地加入到寻找金星宝贝的队伍中。在最开始时，贝商只需要用一袋子烟草就可以向当地土著居民换到一枚金星宝贝，但当土著居民了解了金星宝贝的真正价值以后，便只对大量的现金感兴趣了。虽然市场价格大幅上升，但是人们对金星宝贝的收藏热情却一直没有减退。

人们对金星宝贝有如此之高的收藏热情，不只因为它稀有尊贵、价值不菲，还因为人们给金星宝贝赋予了美好的寓意。一些人相信金星宝贝可以给他们的家庭和事业带来好运，他们几乎把这种宝贝神圣化了，认为它可以保佑家人平安健康，可以保佑一切美好的愿望得以实现。所以，不论对贝壳收藏者，还是对普通人而言，金星宝贝都同样具有重要的收藏意义。目前，金星宝贝的发现数量逐渐增多，与19世纪前后相比，金星宝贝已不再如昔日那般稀有，但即便如此，人们对它的迷恋仍然没有丝毫减退。覆盖在金星宝贝身上的“神圣光环”始终散发着耀眼的光芒，令众多收藏家及爱好者对其充满无限向往。

金星宝贝发达的唇齿

传奇广角

金星宝贝的形态特征与生活习性

金星宝贝是在1791年由Gmelin 命名的，它的壳呈梨形，壳长从30多毫米至70多毫米不等，壳面平滑而富有光泽且散布着不均匀的白色斑点；两唇齿特长，呈红褐色，可延伸至背缘两侧，壳口两侧有大块的红褐色斑。

金星宝贝生活在印度洋-太平洋暖海区，栖息于较深的岩礁、珊瑚礁或泥沙质海底。在我国多见于东海、南海和台湾海峡，在日本南部海域、菲律宾沿海、美拉尼西亚群岛、新不列颠岛、新赫布里底群岛、安达曼群岛和马尔代夫等地也可见其踪迹。主要以藻类或珊瑚虫等为食。因其美丽的外形，而备受广大贝壳收藏者的青睐，具有较高的观赏和收藏价值。

金星宝贝

金星宝贝的种类

金星宝贝原本分为三个亚种，分别为菲产型金星、中国东海产型金星（东海金星）和印度洋金星。东海金星也称国产金星，它的背部没有菲产型的那么高，略扁，为明亮的金黄色或偏褐的橘黄色，表面的白色斑点不明显甚至没有。菲产型的形状和色彩则更加完美，但这两种金星宝贝的区别并不十分明显，所以把它们归为一个种类之中，这样金星宝贝就被分为两个亚种，一种为东海金星，另一种为印度洋金星。

印度洋金星，也称泰国金星，它们的个体偏小，与东海金星区别非常明显，壳面呈深橘褐色，斑点密集而且很小，放射状的斑纹包过两侧壳缘，底部的大黑斑面积很大，接近全黑。这种类型的金星宝贝产量相对较少，价格明显高于东海金星。总而言之，无论哪种金星宝贝都以其独特的色彩造型征服着它的“追随者”。

珊瑚礁的卫士——法螺

传奇聚焦

珊瑚礁是海洋中一道靓丽的风景线，它们不仅拥有吸引人的外貌，而且还能为鱼类提供食物来源和繁殖场所，保护着最容易被海浪侵蚀的海岸线，对保护海洋环境有着不可替代的作用。法螺是珊瑚礁的忠诚卫士。那么，法螺是如何用小小的躯体保护硕大的珊瑚礁的呢？

法螺活体

传奇特写

名称由来

法螺属于大型贝类，它的壳较大，而且比较厚重，螺旋部高而尖，整个壳看起来就像一个喇叭。如果把壳顶磨去，用法螺可以吹出响亮的声音，有些地方的渔民就经常把法螺当作号角。法螺是嵌线螺科中个体最大的一种，壳长可达到48厘米，样子非常像号角。法螺的壳面有粗细相间的螺肋和结节突起，壳面呈黄红色，具有紫褐色鳞状斑纹。因为这些花纹的形状很像凤尾，所以民间又称它为凤尾螺。法螺的壳口呈椭圆形，颜色为橘红色，壳口处还有成对的红褐色齿纹，十分引人注目。法螺主要生活在浅海的珊瑚礁或岩礁间，尤其喜欢生活在藻类丛生的环境中，在我国台湾以及西沙群岛均有分布。

法螺

珊瑚礁的卫士

在热带海域中，各种各样的海洋生物相互依存，构成了一个平衡的生物链系统。在海洋中有一种叫作棘冠海星的棘皮动物，它们以珊瑚虫为主要食物，而棘冠海星又是法螺的主要食物。长期以来，由这三种动物形成的食物链系统一直保持着相对平衡的状态。随

法螺

珊瑚礁的卫士——法螺

着人们对收藏法螺的热情不断高涨，对法螺的捕捞也变得不加节制，久而久之法螺的数量不断减少，甚至曾一度濒临灭绝。目前，在我国台湾绿岛和西沙群岛等海域法螺的数量较以前也减少了很多。因为少了法螺这个自然界的克星，棘冠海星便开始大量繁殖，很多珊瑚虫都被棘冠海星吃掉，珊瑚礁遭到了非常严重的破坏，致使原本稳定的食物链失去了往日的平衡。

法螺

传奇广角

此法螺非彼法螺

法螺，属于嵌线螺科（台湾称：法螺科），在佛事活动中常被用作法器，故而得名。除此之外，法螺还被用于一些地区的劳动和娱乐生活中。例如，藏族民众在表演羌姆舞蹈时就会用到法螺；浙江东部汉族民众在合奏“舟山锣鼓”时也会使用法螺；广东、广西、福建等地民间在召集群众聚会时会把法螺当作号角吹响。

还有一种螺叫作印度圣螺，属于拳螺科，它与嵌线螺科中的法螺血缘关系较远，但在印度教徒心目中的地位与法螺相同，拥有驱魔避邪的力量，并有人认为其法力大于法螺。印度圣螺在藏传佛教中是八大吉祥物之一，在灌顶仪式上被用作法器，因此也有人将其称为“法螺”。印度圣螺壳很大，有明显的纯白色褶皱，用金、银、锡或宝石等加以镶嵌，打磨雕刻做成宗教器物后甚是精美。

印度圣螺乐器

看到这儿我们就明白了，原来被称作“法螺”的印度圣螺与嵌线螺科中的法螺虽然都被用作法器，但它们是外形相异，分属不同科的两种海贝！

印度圣螺乐器

梯螺和它的“昂贵”复制品

传奇聚焦

人们对稀有海贝的疯狂迷恋已经持续了几个世纪，其中，有一种海贝更是被收藏者们推至极高的地位，它就是曾被视为“无价之宝”的梯螺。梯螺以其独特的魅力令众多收藏者梦寐以求，但仿制的梯螺又缘何同样成为大家竞相追逐的对象呢？

传奇特写

奇特的造型

梯螺，又被称为“绮蛳螺”，它的英文名的意思是“盘旋的楼梯”。这个名字非常形象，的确，当我们仔细观察梯螺就能发现一圈圈凸出的白色纵肋整齐连续地排列在壳面上，恰如优美的白色旋转楼梯，让人不得不感叹大自然的神奇。

梯螺的独特结构堪称大自然的杰作

最早对梯螺形态进行文字描述的是一位名叫 Balthasar de Monconys 的法国外交官。1663年，他在荷兰的阿姆斯特丹遇到一位名叫 Ernst Roeters 的贝壳收藏爱好者，并在他那里见到了一枚珍贵的梯螺标本。对见到的这枚奇特的海贝，Monconys 这样描述：“这是一枚白色的贝壳，就像一只盘旋扭转的喇叭，而且从头到尾都是镂空的。”梯螺这种别具一格的形态结构，令人们不禁为之着迷。即便没有一睹真容，而只在照片或者图画上见过梯螺的人，也都为它的奇妙而惊叹称绝。梯螺的“粉丝”们为了能够得到一枚梯螺，就算花费重金也在所不惜。

荷兰人垄断梯螺的收藏

虽然希望获得梯螺的收藏者大有人在，可梯螺的数量却少得可怜，而且在很长一段时间里梯螺的收藏一直被荷兰人所垄断。因为17世纪的荷兰是海洋上的霸主，被称为“海上马车夫”，其所拥有的商船数量超过了当时欧洲其他国家商船数目的总和！那时，大量的荷兰商船频繁地穿梭于各个国家之间，运载着来自世界各地的商品，垄断着当时的海上贸易，几乎所有运往欧洲的货物都会经过荷兰人之手，更何况是像梯螺这样珍奇的海贝。荷兰人对梯螺的垄断持续了很长时间，直到后来在中国海域发现了梯螺种群，情况才得以改变。虽然现在人们可以通过多种途径去获取梯螺，但外形讨巧的它依旧是收藏界的挚爱，能够收集到一枚品相完好的大尺寸梯螺标本仍然是时下贝壳收藏者们的奋斗目标之一！

形态优美的梯螺

昂贵的复制品

谈到与梯螺有关的话题，自然少不了它那高昂的成交价格。据说在18世纪的法国就曾有一位公爵夫人，为了得到一枚梯螺标本竟不惜用自己的一处庄园来交换！

有很多关于梯螺的故事，我们无法去一一证实，但这恰好赋予了梯螺更加令人着迷的传奇色彩。1936年，《奇怪的海贝和它们的故事》一书出版，作者是美国生物学家A. Hyatt Verrill，他在书中写道：“曾经有一位贝壳收藏者发现了一个十分奇怪的现象，当他把自己曾经花高价买到的一枚梯螺标本放置到清水中，并打算清洗一下其表面污垢的时候，这枚梯螺竟然‘溶化’成了一摊‘白米糊’。原来，卖给他‘标本’的那名不法商贩看到人们愿意出高价购买这种贝壳，于是便想出来一个十分低劣的办法。他请了一些能工巧匠，使用大米的米粉制作了许多梯螺的复制品，由于手艺高超，购买的人居然完全看不出丝毫破绽……”现在我们已经无法去证实这个故事的真实性了，因为即便这个故事是真的，在那一时期所售出的梯螺复制品也应该多被人们用泡水检测的办法销毁了，还能有多少“米粉梯螺”被留存下来呢？到后来，这种复制品也慢慢成了人们梦寐以求的目标，一旦有机会获得早年间的梯螺标本，人们便会将其视为珍宝，呵护有加，即使再脏也不会将它们放置到水中清洗。

当然，还有一些关于梯螺的说法是确实有据可考的，比如说历史上著名的“神圣罗马帝国”的皇帝弗朗索瓦就曾于1750年花费了4000荷兰盾购买了一枚标本。还有一位名叫博纳克的法国大使，曾于1757年在荷兰的阿姆斯特丹以1611英镑的天价购得了一枚梯螺标本。这两位欧洲权贵都是梯螺的忠实收藏爱好者，为了得到一枚品相上乘的梯螺自然不惜花费重金。

小·贴·士

荷兰盾

荷兰盾，是13世纪时开始流通的荷兰货币，在2002年后已被欧元取代。“盾”（gulden）是中世纪荷兰语中的形容词，意思是“金的”。

传奇广角

梯螺的形态特征与生活习性

梯螺呈圆锥形，壳长4~6厘米，它的壳厚度适中，壳面通常呈白色，但有时也会掺有淡淡的褐色，富有光泽。各螺层之间通过板状纵肋彼此前后纵向相连，呈阶梯状排列，造型极为别致。梯螺习惯生活在水深50～200米的泥沙质海底和潮间带。主要分布于西太平洋海域，在我国多见于台湾和广东南部沿海。梯螺也是一种典型的肉食性贝类，有的种类常生活在海葵附近，以吸食其体液为生，还会分泌出淡紫色或粉红色的液体。

梯螺

造型奇特的骨螺

传奇聚焦

在海贝中，造型最奇特多变的就数骨螺了，它们可谓千姿百态，有的长着又细又长的棘刺，有的长着花瓣或叶片形状的翼，有的则长着排列整齐的结节或颗粒。它们有的被称作“海底的梳子”，有的拥有染色的本领……

传奇特写

海底的梳子

骨螺科海贝种类较多，造型奇特，千姿百态。其中最具特色的便是骨螺（台湾称：维纳斯骨螺），它的壳长约11厘米，宽约6厘米，壳上的棘刺多且密，看起来就像梳子一样，非常特别，所以人们也把它称为“海底的梳子”。相传在古希腊时，女神维纳斯就是用这种海螺梳头发的，所以也有人称它为“维纳斯骨螺”。

维纳斯骨螺

维纳斯骨螺

长棘骨螺

在海洋中，还有一种长得与维纳斯骨螺极为相似的海螺，人们把它称作长棘骨螺。不是非常了解它们的人很容易将二者相混。其实简单来说，它们的区别就是维纳斯骨螺的刺多且长，长棘骨螺的刺相对少且短，而且长棘骨螺的壳上还有美丽的色线缠绕，十分妖娆。

神奇的染料骨螺

有一个古老而美丽的希腊传说：有一天，天神宙斯的儿子赫克里斯和女神泰洛丝在地中海的沙滩上散步，他们的小狗发现了一枚被海浪冲上岸的海螺。小狗吃了这个海螺的肉以后，嘴巴居然被染成了紫红色，而且色彩非常艳丽。女神泰洛丝看到小狗嘴唇的颜色后十分心动，说要是能

染料骨螺

拥有一条这种颜色的裙子该多好啊！赫克里斯听到泰洛丝的心愿后，便立即用他的机智和神力收集了很多这种海螺，然后用其汁液把泰洛丝的裙子染成了紫色。

神奇的是，浪漫传说中能染色的海螺确实存在，它就是染料骨螺。原来，染色骨螺的鳃下腺可以分泌一种黄色黏液，在光照作用下，黏液会变成紫色。大约在5000年前，生活在地中海沿岸的腓尼基人就开始以染料骨螺为原料提取紫色染料了。他们将羊毛染成紫色，用来交换黄金白银等物，扩大贸易。用这种染料染成的衣物不仅色彩艳丽而且不易褪色，“骨螺紫”在古代西方被视为权利和地位的象征，是达官贵族的专属用色。

染料骨螺

传奇广角

骨螺的危害

骨螺科海贝中大多数属暖海性种类，从潮间带至3000米深的海底均有分布，但多数骨螺喜欢生活在浅海泥沙质海底、岩石或珊瑚礁间。骨螺的繁殖期通常为春夏季节，而且骨螺是一种肉食性贝类，一些骨螺会用齿舌凿穿其他软体动物的壳，然后吃它们的肉，所以骨螺对贝类养殖业具有一定的危害性。除此之外，骨螺的鳃下腺含有骨螺毒素，可对鱼类、两栖类及某些无脊椎动物产生麻痹作用。

骨螺的药用价值

骨螺在我国的分布范围比较广泛，而且一年四季都可以捕捞到，很多药理学著作中都提到了骨螺的作用。骨螺具有清热解毒、活血止痛的功效，对于治疗痈肿、中耳炎、疔疮、下肢溃疡等有极其显著的效果，中国人民解放军海军后勤部卫生部和上海医药工业研究院联合编著的《中国药用海洋生物》一书，就对此有专门的介绍。人们通常会把捕捞到的骨螺先用开水烫一下，然后把螺肉去掉，将骨螺的壳清洗干净，晒干后备用。除此之外，也可将骨螺壳打碎后入药；还可以把骨螺的壳煅研成极细的粉末，用茶油调敷。

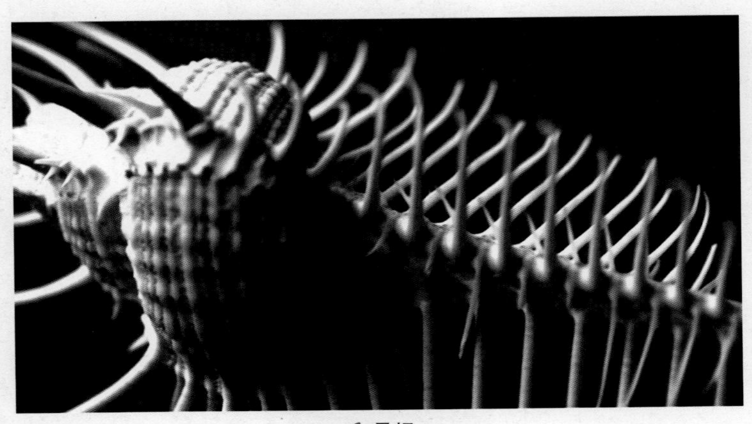

骨螺

大海的荣耀——四大荣光芋螺

传奇聚焦

在蔚蓝色的大海中，每一种海洋生物都有着独特的魅力。人们习惯赋予它们各种形象的名称，如“海中巨无霸”、“海中快艇”……其中，有4种芋螺被人们视作大海的荣耀，从而被赋予“荣光”的称号，它们是因何而获此殊荣的呢？

传奇特写

绝无仅有的“荣光”称号

每当世界上出现一个新鲜事物时，人们总是绞尽脑汁地为它起一个既恰当又形象的名称，不论是动物、植物还是其他领域中的事物都是如此。在海洋中生活的贝类种类繁多，如同它们独有的形态和别致的造型一样，每种海贝都被冠以各具特色的名称。这些名称的由来也有很多故事，有的海贝因其精美的花纹而得名，有的海贝因其怪异的形状而得名，还有的海贝根据其发现者或原产地而被命名。其中，有4种芋螺以“荣光”称号命名，它们就是海之荣光芋螺、印度洋荣光芋螺、孟加拉荣光芋螺和大西洋荣光芋螺。这4种芋螺因为精美的外壳和绚丽的光泽而被人们看作大海的荣耀，所以便有了“荣光”的称号。仔细想来，这应该算是贝类世界里最大的荣耀了吧！

《读信的蓝衣少女》

这些被冠以“荣光”称号的海贝的确名副其实。据说，在18世纪阿姆斯特丹举行的一场拍卖会上，一些贝壳拍出的价格远远高于一些著名画作的价格。由杨·维梅尔（Jan Vermeer）创作的《读信的蓝衣少女》现在是世界公认的无价之宝，但在那场拍卖会上却没能战胜一枚芋螺，当时拍下这幅画的那位收藏家又花了 3 倍的价钱才拍下一枚海之荣光芋螺。18世纪时，全世界大概只有三十几幅维梅尔的画作，其珍贵程度可想而知。由此可见，当时荣光芋螺确实是顶着光环的圣物，价值连城！

还有个故事讲到一位曾经十分自负的贝壳收藏家，他总认为自己收藏的贝壳是全世界独一无二的，藏品中就包括一枚海之荣光芋螺。在一次拍卖会上，他发现展出的拍品中竟然也有一枚海之荣光芋螺，于是便不惜代价将其购买下来。让人吃惊的是，就在他接过这枚刚刚拍得的芋螺时，却将其狠摔在地，并且用脚踩得粉碎，然后兴奋地高喊：“现在，我仍然拥有世界上独一无二的海之荣光芋螺！”从这位收藏家让人惊讶的行为中，足见海之荣光芋螺的珍贵程度以及当时人们对它极度追捧的热情。

独一无二的“荣光家族”

大西洋荣光芋螺是“荣光家族”中最早被人们描述的种类。1758年，瑞典博物学家林奈在其著作《自然系统》第十版中详细描述了这一具有鲜艳紫红色外表的种类，并根据它“身上具有许多小颗粒”这一主要特征为其命名，不过很快它就有了一个更响亮的名字——大西洋荣光芋螺，毫无疑问，它惊艳的外表是其获得这一殊荣的重要原因。在水肺潜水普及之前，人们基本上只能见到大西洋荣光芋螺的壳体，而且价格惊人，直到19世纪初期，随着大西洋荣光芋螺出水量的增加，人们才有机会以相对合理的价格收藏到尺寸较小的标本。如今，虽然从大西洋西部海域到加勒比海都能见到大西洋荣光芋螺的踪迹，但完美的标本仍然十分珍贵。

小·贴·士

林奈与《自然系统》

16~17世纪，欧洲人在海外不断地扩张，他们对生物种类有了更多的认识，对生物命名和分类的要求也更加精准。林奈的《自然系统》一书，就是在这种背景之下完成的。他在书中提出了以纲、目、属、种为主的系统分类方法。为了减少名称的混乱，他还采用双名制来规范物种的命名。这本书至今仍对生物学界有一定的影响。

下面要出场的是身世颇具戏剧性的印度洋荣光芋螺，说它传奇是因为这种芋螺从被发现到被命名，居然经过了100多年。1749年，当时法国著名艺术品和奢侈品商人 Edme-Fran ois Gersaint 在其商品销售目录中的第40号位置，赫然写着这样一行文字："一枚极其珍贵的贝壳。"虽然商人为了利益的需要往往会对自己商品的价值过分吹捧，但是这一次他的描述的确是恰如其分。最后，这枚贝壳被一位法国艺术品收藏家秘密收藏，从此离开了人们的视线。直到1780年，那位收藏家才愿意将它展示出来，并在一篇名为《黄金金字塔海螺》（*Le Drap d'Or Pyramidal*）的文章中进行了介绍，这其实就是关于印度洋荣光芋螺的最早记录。但让人遗憾的是，当时对这种芋螺的介绍并没有引起人们的重视。当它再次出现在人们视野中的时候，历史的车轮已经行进到了1899年。当时汤森德（F. W. Townsend）船长正在印度孟买西南部海域水深80米处进行海底电缆的打捞作业，伴随着电缆的出水，人们从包在电缆外的堆积物中发现了 2 枚芋螺（当时一共有 3 枚被发现，但不幸的是其中最大的一枚意外落入海中丢失了）。英国贝类学家梅伟尔（J. C. Melvill）与司坦登（R. Standen）将它们命名为 *Conus clytospira*，并且给予了高度的评价："该种芋螺是19世纪最重要的科学发现之一，它集杰出的花纹和颜色于一身……不过，它那独树一帜的螺旋部（螺塔）才是其最杰出的特征……"这种芋螺后来被认为是印度洋荣光芋螺的亚种，主要分布在从巴基斯坦到斯里兰卡一带的海域。虽然印度洋荣光芋螺的发现过程有些

印度洋荣光芋螺

海之荣光芋螺

曲折，但正是因为这样它带给人们的惊喜才显得特别。

大海雀

接下来登场的是海之荣光芋螺，也是“荣光”芋螺中最为著名和最具传奇色彩的种类。人们曾一度认为它灭绝了，并将其与已从地球上消失的著名物种大海雀和渡渡鸟相提并论。这种芋螺首次亮相公众是在1757年举办的一场拍卖会上，当时这颗芋螺属于一位来自荷兰的收藏家，它的名称为 *Conus gloriamaris*，意思就是“海之荣光”，它的长度为9.2厘米，但是品相很差，壳身有一条明显的生长疤，这枚标本于2年后被 Chemnitz 正式命名为“海之荣光芋螺”，目前保存于哥本哈根大学的动物学博物馆中。在之后的100多年时间里，人们仅仅收集到十几枚，而其中的5枚作为标本被英国自然历史博物馆所收藏，正是因为拥有数量如此之多的海之荣光芋螺，所以当时的英国自然历史博

小·贴·士

大海雀

大海雀又称大海燕，有时也被称为北极大企鹅，是一种不会飞的鸟，曾广泛分布于大西洋周边的各个岛屿上，但由于人类的大量捕杀而在19世纪时灭绝。渡渡鸟又称毛里求斯渡渡鸟、愚鸠、孤鸽，是印度洋毛里求斯岛上一种不会飞的鸟，它们站立时有1米高，以水果为食。这种鸟在被人类发现后仅存在了200年的时间，最终由于人类的捕杀而灭绝，是著名的已灭绝动物之一。

渡渡鸟

物馆几乎每天都能迎来大量的贝类爱好者前来欣赏，人们为之疯狂，甚至有些人隔着玻璃观看时，激动得手指在不停地颤抖！然而，在1896年之后的几十年中，这种芋螺便再也没有被发现过，一时间大家都以为伟大的“海之荣光芋螺”真的永远从地球上消失了。但在1957年，奇迹突然出现了：一只活体海之荣光芋螺在菲律宾海域被捕获，整个贝类收藏界都为之欢欣鼓舞。之后的几年陆续有新的个体出水，截至1966年彼得·丹斯出版他的力作《贝类收藏史（插图版）》时，全世界已经有了44枚标本！今天，海之荣光芋螺已经不再是最稀有的种类，收藏者也可以比较容易地买到它们，但是壳体大且无损的标本仍然属于珍品。

孟加拉荣光芋螺是4种荣光芋螺中最晚被命名的。这种芋螺是在1958年时被发现的，当时日本的一艘考察船在途经孟加拉湾海域时，在水深50米左右的海底采集到一枚芋螺，直到10年之后，日本著名的贝类学家奥谷乔司才将它命名为“孟加拉芋螺”。高雅华贵的孟加拉芋螺因为有着与“海之荣光芋螺”极其相似的外形，而被人们赋予了“孟加拉荣光芋螺”的称号，自此“荣光家族”又多了一位成员。我国台湾的贝壳收藏界通常也把孟加拉荣光芋螺称为“泰国荣光芋螺”，但这种叫法并不科学，因为这种芋螺的产地遍布整个孟加拉湾——从印度东部到泰国西部，并不是泰国的特产。

孟加拉荣光芋螺

传奇广角

得之不易的“荣光”宝贝

尽管荣光芋螺的大多产地逐渐被人们熟知，但品相完好的荣光芋螺仍然十分珍贵，除了本身产量低之外，采集成本高也是其价格居高不下的重要原因之一。就拿大西洋荣光芋螺来说，它分布的很多岛屿地理位置都比较偏僻，往往需要乘私人飞机才能到达。而且采集需要依靠人工潜水，极具危险性。可见，荣光芋螺的确得之不易，其价格高昂也就在情理之中了。随着捕捞技术的进步，荣光芋螺的出水量大大增加，如今人们能够以合理的价格购买到一颗很漂亮的标本了，虽然它们已经不属于最稀有的贝类品种，但它们在人们心中的地位仍然是不可动摇的。

孟加拉荣光芋螺

国家一级保护动物——大砗磲

传奇聚焦

在电视剧《西游记》中，我们常会看到海底龙宫有一种壳面呈扇形的巨大海贝，散发着神秘的光芒。然而，在浩瀚的大海中真的有个头那么大的海贝吗？

传奇特写

巨型“老寿星”

在古代，人们把砗磲称作“车渠”，因为它的壳上布满了一道道像车辙一样的放射肋，所以便有了这个极为有趣的名字。大砗磲是典型的热带贝类，生活在低潮带至浅海的

大砗磲

珊瑚礁间，是双壳纲中个体最大的一种。大砗磲主要分布在西太平洋、印度洋海域，在我国多见于台湾和南海各岛礁。这种海贝的直径通常可达1～1.8米，体重可达300多千克。砗磲略呈三角形的壳大而厚重，一般呈白色或浅黄色。虽然大砗磲的外表并不漂亮，但每当它在海里张开壳时，其外套膜伸展开来，艳丽的色彩便可一览无余，不仅有孔雀蓝、粉红、翠绿、棕红等鲜艳的颜色，而且有形形色色的美丽花纹，十分惹人喜爱。

大砗磲不仅拥有别具特色的外形，而且还是一个相当古老的物种。相传早在商代，周文王曾被商纣王囚禁在羑里，周文王的臣子散宜生就想办法弄到了一个十分罕见的大砗磲，并把它献给了商纣王，商纣王得到大砗磲后十分高兴，于是就下令把周文王放了。由此可见，早在商代就有了关于大砗磲的记载。

外套膜绚丽多彩的大砗磲

大砗磲化石

2006年7月10日，我国的“大洋一号”科学考察船在太平洋中部采集到大砗磲壳的化石，国家海洋局北海分局将它赠送给了青岛极地海洋世界。据了解，“大洋一号”科学考察船发现的这枚大砗磲壳化石是目前国内已知最大的大砗磲壳化石，它长约93厘米，宽约55厘米，最大厚度约25厘米，这么大的贝壳化石确实让人称奇。科学研究表明，大砗磲的壳石化过程相当漫长，它们是全球环境演化强有力的实物证据，具有很高的科学研究价值。

小·贴·士

大砗磲的壳的石化过程

大砗磲死亡后，表面一般会附着大量的珊瑚，随着地壳的运动、变迁，很多沉积物和火山灰会覆盖在珊瑚表面，大砗磲壳面便慢慢形成厚厚的一层珊瑚岩并最终演变为化石。

大砗磲串珠

大砗磲工艺品

不可多得的宝物

据《阿弥陀经》记载，在佛教有七种宝物，它们分别是金、银、琉璃、玻璃、砗磲、赤珠和玛瑙，而在这七种宝物中最为稀罕、最为珍贵的就数砗磲了。据《本草纲目》记载，砗磲具有镇心、安神的功效。长期接触砗磲的人还可以改善睡眠、增强免疫力、延缓衰老。佛教中砗磲也一直被认为是充满力量的宝贝，信仰佛教的人们认为砗磲有辟邪保安、消灾除难等作用。很多僧众都坚信，只要使用砗磲做成的佛珠念佛，就可以提高一倍的功德，所以佛门中的高僧喜欢将砗磲做成串珠礼佛。在我国古代，除了佛教喜欢用砗磲之外，就连传统官服上都有砗磲的影子。在清朝，二品官员佩戴的朝珠和六品官员的官帽顶珠，就是用砗磲做成的。因为砗磲的壳很厚，所以一直是各种雕刻工艺品的优良材料，现在人们仍然可以看到很多用砗磲做成的串珠和造型美观的工艺品。

传奇广角

大砗磲里的巨型珍珠

据说在1934年，有一批菲律宾渔民，他们的水性非常好，可以潜到很深的水中捕鱼。一次，有一位小伙子潜下水后比平时晚了许多才上岸，原来他被一大砗磲夹住了。当渔民们将这只50多千克重的大砗磲打捞上岸时，在壳里竟然意外地发现了一颗保龄球大小的珍珠。渔民们将这颗无比罕见的珍珠视作宝物并献给了岛上的酋长。后来，酋长的儿子得了

大砗磲

重病，被一位来自美国的考古学家医好了，为表示感谢，酋长把珍珠作为谢礼送给了这位美国人。如今，这颗重达6350克的巨型珍珠仍然保存在美国。

如何辨别真假大砗磲

看颜色。目前，市面上的大砗磲大多为纯白色、白黄相间、黄色，有的会略带紫色或紫红色，还有的几乎呈透明。因此，如果有红色较深或绿色的大砗磲就极有可能是经过染色或由其他海贝加工而成。另外，真正的大砗磲外表十分粗糙，打磨后变得光洁明亮，有珍珠般的光泽，而仿制的大砗磲通常用白石或粉碎的贝壳粉加胶压合而成，雪白无瑕，白得呆板，不自然。

看质地。大砗磲是自然生长而成的，除了仔细观察其纹路是否自然外，还要看两颗大砗磲珠的纹路是不是相同，因为天然的大砗磲纹路不会完全相同。天然大砗磲还具有层状结构纹理，层面清晰而又致密；而仿制的大砗磲没有天然的生长纹，在放大镜下观察也不会有明显的层状结构。

看价格。大砗磲生长在海水中，而且它自身的硬度比较小，因此一般的大砗磲饰品上难免会有些虫眼及裂纹，当然也有完美的，但价格也相对昂贵。如果有人向你出售一个质地完美且价格又很便宜的大砗磲，可一定要仔细辨别。

闻味道。天然生长的大砗磲用打火机烧起来有种烧石灰的味道，但却不是很刺鼻；而仿制的大砗磲烧起来有刺鼻的塑料味。

大砗磲

鹦鹉螺的秘密与奢华高脚杯

传奇聚焦

鹦鹉螺——一个比恐龙还要古老的物种，而且是头足纲唯一有壳的种类，已经在地球上存活了数亿年之久。据统计，其化石种有2000余种，现生种全世界仅存6种，但它真正走进人们的视野，还是最近几百年的事情。在浩瀚的大海中，安逸自得的鹦鹉螺有着怎样鲜为人知的秘密？当盛满美酒的鹦鹉螺酒杯被奉上，又会引起人们怎样的惊叹呢？

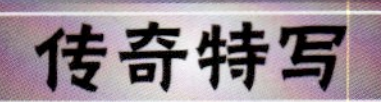

传奇特写

在海中"航行"的秘密

在海贝真正被人们所了解之前，一提起它们，我们脑海中浮现出的往往是这样的画面：金色沙滩上零星散布的海贝吹着海风，绚丽的珊瑚礁下它们慵懒地沐浴着阳光，当然，还有餐桌上那令人垂涎欲滴的渔家美食……海贝总是给人们一种安然静谧的感觉，不

鹦鹉螺

喜欢被打扰也不好动。人们认为它们不擅长或者不会游动，终身定居在海礁岩缝里，或是藏匿于海底的沙石之中。是不是海洋中的所有贝类都过着这种“隐士”般的生活呢？1874年7月的一次发现给了人们答案。当时，恰逢英国考察船“挑战者”号环球探险进入第二个年头，当考察船抵达斐济群岛外围的马图库岛时，船员们居然在该水域采集到了一只活体鹦鹉螺，这让不少人着实兴奋了一回。人们把它放到盛满海水的浴缸中，没过多久，令人惊奇的一幕出现了！鹦鹉螺竟然通过身体里的一根“管子”不断喷出水推动自己向反方向移动，它曼妙自如的身影好似一位“海中舞者”。

鹦鹉螺到底是怎样在海中“航行”的呢？事实上，每只鹦鹉螺都长有数十只丝叶状的腕，这些腕可以自由伸缩，其中有两只特别肥厚，当鹦鹉螺把肉体藏到壳中时，它们能够盖住壳口，形成一个“盾牌”。在这些腕的下方有一个可以收缩的漏斗状器官，鹦鹉螺有了这个“喷射器”，就能向外排水推动身体向后方移动或转弯。此外，鹦鹉螺的壳内部结构非常

小·贴·士   

“挑战者”号

“挑战者”号为英国皇家海军舰船，经装备独立实验室等一系列改进后被用于科学考察。它于1872年12月从英国的朴次茅斯启程，历经700多天，航行近7万海里，于1876年5月回到了汉普郡的斯彼特海德海峡。此次远征完成了多项科学测量，并发现了4000余种海洋新物种，为海洋生物学研究提供了宝贵的资料。

精妙，贝壳内腔的气室中多半充满气体，气室间有串管联通，来控制和调节浮力，从而达到调控升降的目的，这些特性使其很像一艘潜水艇。鹦鹉螺白天在较深的海洋中休息，晚上浮到浅海区活动。

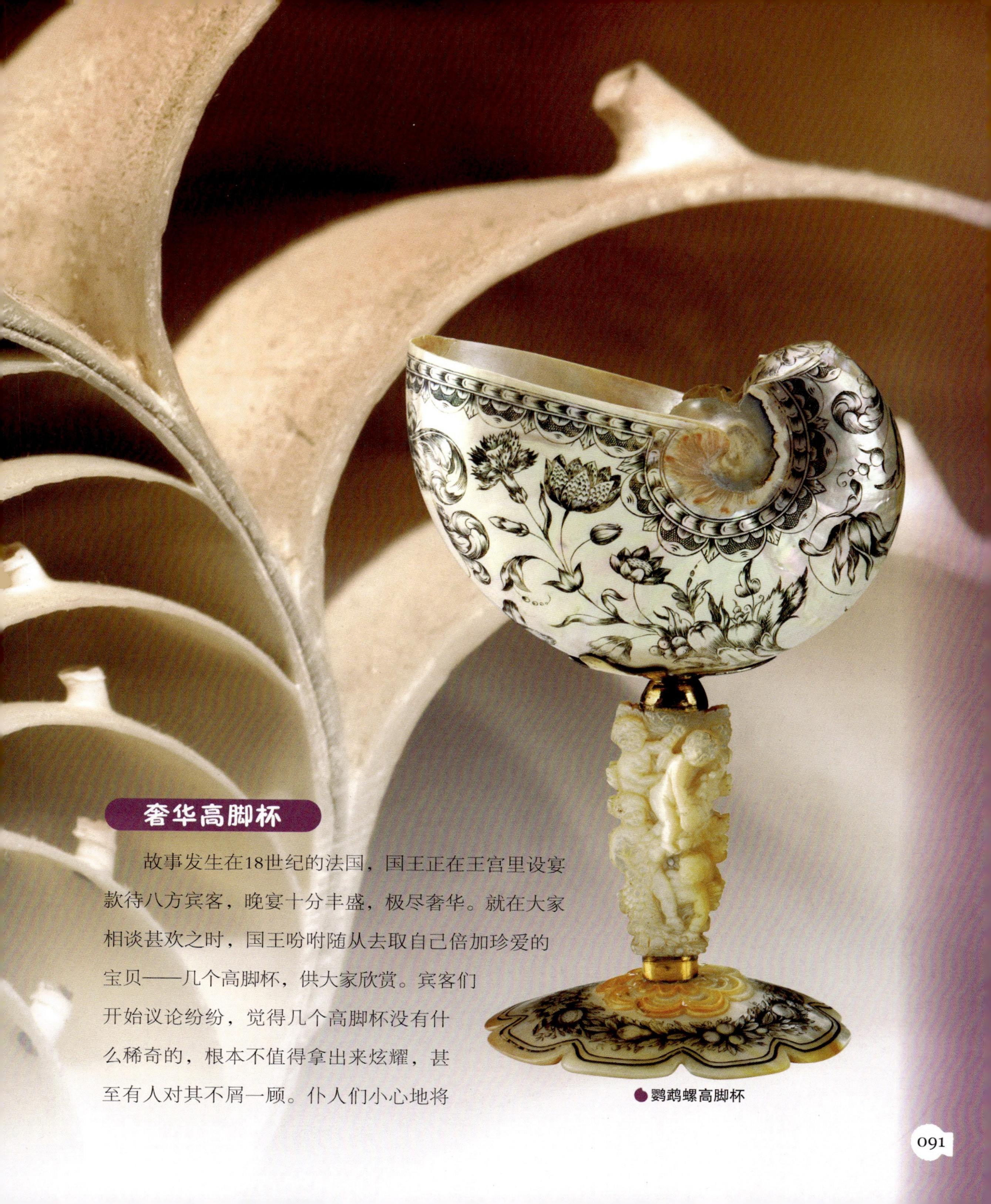

鹦鹉螺高脚杯

奢华高脚杯

故事发生在18世纪的法国，国王正在王宫里设宴款待八方宾客，晚宴十分丰盛，极尽奢华。就在大家相谈甚欢之时，国王吩咐随从去取自己倍加珍爱的宝贝——几个高脚杯，供大家欣赏。宾客们开始议论纷纷，觉得几个高脚杯没有什么稀奇的，根本不值得拿出来炫耀，甚至有人对其不屑一顾。仆人们小心地将

●样式各异的鹦鹉螺高脚杯

几只高脚杯摆放在餐桌中间，当遮盖在杯体外面的绒布被缓缓揭起，令人瞠目的画面出现了：几只鹦鹉螺壳被打磨得细滑圆润，通体亮白，发出耀眼的光芒，外面均用金银镶嵌，杯身造型各异，与贝壳制成的杯体完美地搭配在一起，奢华高贵又浑然天成。在场的宾客无不目瞪口呆，对如此华美的工艺品赞不绝口。

14世纪中叶到17世纪初的欧洲处于文艺复兴和宗教改革时期，那时人们的思想和精神得到了空前的解放。到15世纪中叶，随着活字印刷术的传入，文化知识在欧洲快速传播，人们越来越渴望对未知的世界进行探索，所以大航海时代也就应运而来。这一时期，很多国家的调查船和探险队在世界各大洋中进行环球考察，葡萄牙、西班牙、荷兰、英国、法国等国家的船队开始频繁出现在世界大洋中，他们一方面不断寻找新的贸易航线和贸易伙伴，另一方面也希望拓展海外殖民地和掠夺新的财富。在大航海时代背景下，鹦鹉螺和其他一些漂亮的海贝也被当作奇珍异宝搜罗起来，成为上流社会的玩物。

●格奥尔格·艾伯赫·郎弗安斯（Georg Eberhard Rumphius，1627—1702）是出生于德国的植物学家，曾受雇于荷兰东印度公司。他在植物系统学方面有杰出贡献，同时对贝类有着浓厚的兴趣。

1705年，世界上第一本描述热带海洋贝类和地区环境的名著——《安汶人的奇特陈列室》出版，该书的作者是荷兰著名的植物学家和贝类收藏家格奥尔格·艾伯赫·郎弗安斯。郎弗安斯在书中记录了他在安汶岛上的荷兰东印度公司工作期间所发现的珍奇海贝，详细介绍了这些海贝的外部形态和生活方式，并且配有大量精美的海贝插图。此外，书中还介绍了其他一些海洋生物。该书是世界上第一本对海洋生物进行系统介绍的书，因此郎弗安斯也被誉为现代海洋生物学的先驱！

在《安汶人的奇特陈列室》一书中，鹦鹉螺是郎弗安斯重点介绍的对象之一，他对鹦鹉螺的活体形态和内部构造都做了详细记录。正是由于鹦鹉螺的特殊身体构造，艺术家们才能制造出造型华丽精美的鹦鹉螺高脚杯。郎弗安斯在书中详细记录了鹦鹉螺高脚杯的制作方法：首先，选择尺寸硕大、外表光滑的贝壳，除去表面的污垢和附着物，然后再进行雕刻，可以将其中的一个气室切开，这样后面的几个气室就会呈现出透明的质感，相邻的3～4个气室也可以完全切掉；其次，制作一个小的开放式头盔放置在最里面的螺旋上，还可以在贝壳两侧的光滑表面上雕刻花纹，然后使用煤油和煤粉的混合溶液反复擦拭这些花纹，直到它们可以立体地呈现出来为止；最后，再配上相应的金银纹饰，一个漂亮的鹦鹉螺高脚杯就制作完成了。

郎弗安斯所处的时代盛行奢靡之风，人们普遍喜爱彰显奢华的器物，而用大海中珍贵的鹦鹉螺所制作的高脚杯能极大地满足他们的虚荣心，所以精美奢华的鹦鹉螺酒杯就

鹦鹉螺高脚杯邮票

备受关注。而且当时宗教教派普遍重视“圣餐”环节，圣徒们以一种十分纯洁高尚的心境对待圣餐，就连所使用的餐具也追求高贵典雅的品位，因此鹦鹉螺高脚杯就成了那个时代最流行的器物。在荷兰，为了烘托富豪与政客们的品位，新鲜的水果、奢华的餐具、质感一流的桌布都成了画家们在静物绘画中竞相描摹的对象，而经过精心雕琢，配以金银装饰，斟满美酒后在阳光下绽放出夺目光彩的鹦鹉螺高脚杯，自然成为画中的常客。20世纪30年代前后，德国发行过一套纪念金匠的邮票，上面的标志就是鹦鹉螺高脚杯。目前在世界的许多大型博物馆里，人们依然可以一睹鹦鹉螺高脚杯的风采。

油画中的鹦鹉螺高脚杯

传奇广角

美丽的“老寿星”

鹦鹉螺属于头足纲鹦鹉螺科，它外形优美，色彩绚丽，具有极强的观赏性。它的壳既薄又轻，呈螺旋形盘卷，壳的表面呈白色或乳白色，红褐色的花纹从壳的脐部辐射而出，整个贝壳的造型与鹦鹉嘴极为相似，所以被称为“鹦鹉螺”。

鹦鹉螺大约在5亿年前的古生代进入最繁盛的阶段，古生代末期快速衰亡，留下了许多化石，只有几个种一直存活至今，因此成为著名的“活化石”。鹦鹉螺通常在夜间活动，白天则躲在珊瑚礁或岩缝中休息。在暴风雨过后的夜里，鹦鹉螺会成群结队地漂浮在海面上，被水手们称为“优雅的漂浮者”。鹦鹉螺死后其身躯软体脱壳而沉没，外壳则在大海中随波逐流。鹦鹉螺是典型的肉食性动物，食物主要是小鱼、软体动物、底栖的甲壳类，以小蟹为多。据说鹦鹉螺的寿命一般为20年，这在头足纲动物中算是寿命较长的了，因此它绝对可以称得上大海中美丽的“老寿星”了！

鹦鹉螺

鹦鹉螺与对数螺线

对数螺线是法国著名数学家笛卡尔在1638年发现的，后来瑞士数学家雅各布·伯努利又对它进行了深入研究。对数螺线的特征可以简单描述为：从螺线中心向螺线上任一点引一条线段，则线段与螺线上该点处切线间的夹角永远相等，因此对数螺线也称等角螺线。

对数螺线与斐波那契数列及黄金分割有着密切的关系。斐波那契数列是指这样一个数列：0，1，1，2，3，5，8，13，…，它从第三项开始每一项都等于前两项之和。而且从

鹦鹉螺剖面图

第三项开始每一项与前一项之比所组成的新数列逐渐趋于黄金分割数0.618。此外，如果我们以斐波那契数列中的数为边长画出一组正方形，然后将正方形按边长从小到大组合成矩形，再沿着每个正方形的对角画1/4圆，就会发现画出的曲线正是对数螺线！

令人惊奇的是，鹦鹉螺壳切面也能呈现出优美的对数螺线，这就使鹦鹉螺在美丽的外表下又增添些许大自然的神秘色彩！

鹦鹉螺与对数螺线

善于伪装的乌贼

传奇聚焦

乌贼是海洋中的游泳能手，它们能以较快的速度前行。乌贼最神奇之处莫过于其喷吐“墨汁”的本领，每当遇到危险时，它们便从嘴里吐出漆黑的“墨汁”，让敌人无法看清自己，从而逃之夭夭。乌贼为什么能如此迅速地游动呢？除了会喷“墨汁”，它们还有哪些本领呢？

传奇特写

游泳健将

乌贼，本名乌鲗，又被称作花枝、墨斗鱼或墨鱼。乌贼虽然有鳃，却不属于鱼类，而是贝类的一种。它们的身体像个橡皮袋子，贝壳长在体内，起到骨骼的作用（也就是人们俗称的墨鱼骨）。乌贼的身体扁平柔软，共有10条腕，其中8条是短腕，两条是灵活自如的长触腕，主要用来捕捉猎物。乌贼的种类有很多，如针乌贼、白斑乌贼、拟目乌贼、虎斑乌贼等。它们分布于世界各大洋，主要生活在热带和亚热带沿岸浅水区域，冬季常迁往

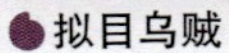
拟目乌贼

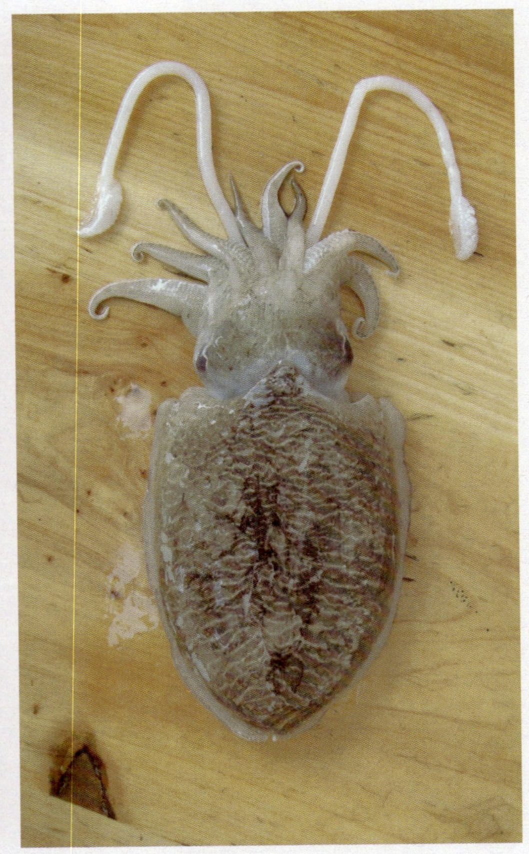

虎斑乌贼

乌贼

较深的海域。我国沿海乌贼种类较多，如中国北部近海经济价值极高的金乌贼，浙江南部沿海及福建沿海盛产的曼氏无针乌贼等。乌贼的身体极其柔软，游泳能力极强，适合在大洋中生活，而它们也将这种优势发挥到了极致，是海洋中特别善于埋伏和伪装的动物之一。

乌贼

乌贼平时在海洋中一般做缓慢运动，在海水的作用下，轻盈曼舞，像一位妙龄女郎在水中翩翩起舞。但当遇到危险时，它们就会以高达15米／秒，也就是54千米／小时的速度把敌人远远地抛在身后，有些乌贼移动的最高时速甚至更快，所以乌贼不愧是大海中的游泳能手。乌贼通过喷射海水来推动自己快速前行，有时还会跃出水面，看起来就像在“飞行”一样。

自保能手

除了用快速的“飞行”技巧来躲避敌人的追捕外，乌贼还擅长用别的方式来摆脱险境。乌贼的躯干部分包着外套膜，外套膜在腹面与内脏团分离,形成的一个空腔叫外套腔，外套腔里面有一个墨囊，可以分泌乌贼墨。如果遇到危险，乌贼便会迅速喷出乌贼墨，周围的海水瞬间就会变成一片漆黑，机灵的乌贼便在这种黑色的掩护下迅速逃之夭夭了。此外，乌贼墨中含有的毒素还能麻痹敌人。但是，因为乌

乌贼

乌贼

乌贼

贼墨需要很长时间才能重新积满墨囊，所以，乌贼不到万不得已，是不会轻易释放它的“黑色烟幕弹”的。乌贼墨是一种含有黑色素的液体，以前还有人用它染衣服、写字呢。

更令人称奇的是，乌贼还是水中的变色能手，它的皮肤中聚集着数百万个色素细胞，色素细胞可显现红色、黄色、橙色、蓝色、紫色、褐色和黑色等，不同的色素细胞会随着周围环境的变化而收缩、舒张，呈现出不同的色彩。乌贼利用皮肤中的色素细胞来适应颜色深浅不同的海水环境，在隐蔽自身的同时，还可以恐吓敌人，这是它在海洋中一项特别的自我保护技能。

传奇广角

名字的缘由

关于“乌贼”这个名字的来历有两种说法。宋代周密在《癸辛杂识续集》中曾有过关于乌贼的描述，相传在古代，一些狡猾奸诈的人在向别人借钱时会用乌贼墨写下借据，因为这种借据看起来和用其他墨写的没什么不同，所以往往可以蒙混过关。但是，乌贼墨刚

开始时很新鲜，半年过后则墨色变淡，到最后就会连一点痕迹都找不到了。借钱的人就是利用乌贼墨的这一特点行骗的——等到债主半年后催还债务出示借据时，就会发现借据已经成为白纸一张，没有凭证，借钱人就可以赖账不还了。所以，当时的人们就把墨鱼看作坏人行骗的帮凶，把它称作乌贼。另外一种说法是，乌贼每天会在水面上漂浮，海面上飞过的鸟儿常常以为它们是水中死亡的动物而去啄食，结果却被乌贼卷入海中，成为其食物。这样，古人便把乌贼当成了“食鸟之贼”，又因为“乌”原作“鸟”，所以就把它称作乌贼了。

浑身是宝

乌贼在美国有“穷人的鲍鱼”之称，它的墨囊是一种名贵的药用材料，而乌贼墨经过加工后不仅可以制成印刷用的油墨，还可以制成治疗功能性出血的药物。20世纪末，日本青森县的科学家还发现乌贼墨中含有抗癌成分，经过纯化后可以使60%的患癌小鼠恢复健康。所以现在乌贼墨又有了新的用途，很多国家都把乌贼墨加工后添加到食物当中，充当一种抗癌的健康食品。据说，在日本有一家商店每天只出售80个用乌贼墨做成的面包，很多人争相购买。除了面包之外，掺有经过加工的乌贼墨的水饺、拉面、腊肠、凉粉等新品种也相继推出。在日本、西班牙、意大利、美国等国家，以乌贼墨为原料做成的“黑色食品”越来越受到人们欢迎。

墨鱼水饺

海贝，一个古老的物种，是海洋生态系统的重要组成部分，是我们人类的好朋友。在看过了这么多充满传奇色彩的海贝之后，你是否也被它们的美丽故事所打动呢？

然而，人类对海洋资源的不合理开发，已经对海洋生态环境造成了不同程度的影响，很多海贝数量锐减，有的甚至濒临灭绝。人类与海贝、大海的和谐相处，本身就是一部爱与美的传奇乐章。让我们在欣赏海贝之美的同时，携起手来保卫我们共同的海洋家园！

图书在版编目（CIP）数据

海贝传奇 / 李夕聪主编. —青岛：中国海洋大学出版社，2015.5 （2018.3重印）

（神奇的海贝 / 张素萍总主编）

ISBN 978-7-5670-0841-0

Ⅰ.①海… Ⅱ.①李… Ⅲ.①贝类－普及读物 Ⅳ.①Q959.215-49

中国版本图书馆CIP数据核字（2015）第043234号

海贝传奇

出 版 人	杨立敏		
出版发行	中国海洋大学出版社有限公司		
社　　址	青岛市香港东路23号		
网　　址	http://www.ouc-press.com	邮政编码	266071
责任编辑	乔　诚 电话 0532-85901092	电子信箱	820093061@qq.com
印　　制	青岛正商印刷有限公司	订购电话	0532-82032573（传真）
版　　次	2015年5月第1版	印　　次	2018年3月第2次印刷
成品尺寸	185mm×225mm	印　　张	7.75
字　　数	62千	定　　价	23.80元

发现印装质量问题，请致电 18661627679，由印刷厂负责调换。